国家级技工教育和职业培训教材
高等职业教育系列教材

电气控制技术项目化教程

主　编　蒋祥龙　李震球
副主编　谢　祥　崔泽江　楼镝扬　曾玉平
参　编　杨小强　何　语　朱亚红
主　审　蒋明红　邓文亮

机械工业出版社

本书以典型工作任务为导向，将理论与实践融为一体，主要介绍了常用低压电器的型号、规格、结构、工作原理以及在控制电路中的作用；各种低压控制电路和典型机床电气控制电路的安装、调试以及故障排除的方法。内容由浅入深，循序渐进。为帮助读者理解，本书每个任务结束后均设计了适量的习题。

本书适用于高职、中职和技工院校电气自动化技术、机电一体化技术、应用电子技术、工业机器人技术等相关专业教学使用，也可供有关工程技术人员阅读参考使用。

本书配有电子课件、教案、题库等课程资源，需要的教师可登录机械工业出版社教育服务网 www.cmpedu.com 免费注册后下载，或联系编辑索取（微信：15910938545，电话：010-88379739）。

图书在版编目（CIP）数据

电气控制技术项目化教程/蒋祥龙，李震球主编 .—北京：机械工业出版社，2019.10（2022.9重印）
高等职业教育系列教材
ISBN 978-7-111-64270-1

Ⅰ. ①电… Ⅱ. ①蒋… ②李… Ⅲ. ①电气控制-高等职业教育-教材
Ⅳ. ①TM921.5

中国版本图书馆 CIP 数据核字（2019）第 266924 号

机械工业出版社（北京市百万庄大街22号　邮政编码 100037）
策划编辑：曹帅鹏　　责任编辑：曹帅鹏
责任校对：张艳霞　　责任印制：郜　敏
北京富资园科技发展有限公司印刷

2022 年 9 月第 1 版·第 4 次印刷
184mm×260mm·12 印张·295 千字
标准书号：ISBN 978-7-111-64270-1
定价：39.00 元

电话服务　　　　　　　　网络服务
客服电话：010-88361066　　机　工　官　网：www.cmpbook.com
　　　　　010-88379833　　机　工　官　博：weibo.com/cmp1952
　　　　　010-68326294　　金　书　网：www.golden-book.com
　　机工教育服务网：www.cmpedu.com

前　言

国务院印发了《国家教育事业发展"十三五"规划》，规划中明确提出加快发展现代职业教育，建立健全对接产业发展中高端水平的职业教育教学标准体系。以增强学生核心素养、技术技能水平和可持续发展能力为重点，统筹规划课程与教材建设，对接最新行业、职业标准和岗位规范，优化专业课程结构，更新教学内容。强化课堂教学、实习、实训的融合，普及推广项目教学、案例教学、情境教学等教学模式。为此，针对电气自动化技术、机电一体化技术等专业的教学要求，我们编写了本书。

本书特色主要体现在以下几个方面：

第一，以培养应用型、技术型、创新型人才为目标。编写时坚持"以职业标准为依据，以企业需求为导向，以职业能力为核心"的理念，结合企业实际，反映岗位需求，突出新知识、新技术、新工艺、新方法。

第二，采用"任务驱动"编写模式。以工作任务为引领，使理论与实践融为一体。每个工作任务由任务分析、相关知识、任务实施、任务考评、课后习题栏目组成，构建"做中学、学中做"的学习过程。

第三，过程考核和结果考核相结合。过程考核主要体现在平时考核，它由授课教师根据学生日常考勤、实际操作、回答问题、学习态度等方面进行评定。学生在学完该课程规定的内容后，教师根据学生期末考试成绩（占总成绩的50%）、平时考核（占总成绩的50%）进行综合评定，成绩合格者予以通过。

第四，注重一体化教学实施。一体化教学能充分发挥学生的主观能动性，让学生成为课堂教学的主体，教师辅助学生完成任务。学生收到任务书后，每个小组都要经过自主学习、讨论、制订具体的工作计划，包括确定任务目标、原理分析、所需器材、实施内容及步骤、注意事项等。

第五，丰富的习题库，突出理实并重。本书配备了大量的习题，方便学生及时复习相关知识，同时也为中级电工考核提供理论支撑，理论与实际操作并重。

全书共10个项目，包括低压电器的选用与检修、电动机直接控制电路的装调、电动机正反转控制电路的装调、电动机顺序控制电路的装调、电动机减压起动控制电路的装调、三相异步电动机制动控制电路的装调、低压电气控制电路的设计与调试、CA6150型卧式车床电气控制电路、M7130型平面磨床电气控制电路和Z3050型摇臂钻床电气控制电路的故障诊断。

本书是机械工业出版社组织出版的"高等职业教育系列教材"之一，由重庆科创职业学院蒋祥龙、杭州萧山技师学院李震球任主编，并负责统稿、校稿工作；重庆科创职业学院谢祥和杭州萧山技师学院崔泽江、楼镝扬、曾玉平任副主编；重庆科创职业学院杨小强、何语、朱亚红参编；杭州萧山技师学院蒋明红、重庆科创职业学院邓文亮主审。

全书共分为 10 个项目，项目 1 由谢祥、蒋祥龙编写；项目 2、项目 3 和绪论由蒋祥龙编写；项目 4 由杨小强、朱亚红、蒋祥龙编写；项目 5 由谢祥编写；项目 6 由楼镝扬编写；项目 7 由曾玉平编写；项目 8 由李震球编写；项目 9 由崔泽江、李震球编写；项目 10 由李震球、崔泽江编写；附录由李震球、何语整理。在教材的编写中，特别要感谢重庆科创职业学院、杭州萧山技师学院的大力协助，同时也感谢重庆华中技术有限公司余金洋主任提出的宝贵意见和编写思路。

本书编写过程中参考了相关资料和文献，在此向有关作者表示衷心感谢！

由于编者水平有限，书中难免有疏漏、不足和错误之处，恳请读者批评指正。

编　者

目　　录

绪 论

1. 概述

（1）课程性质

电气控制技术是电气自动化、机电一体化技术、工业网络技术、工业机器人技术、机械制造与自动化等专业的一门专业课程，其目标是培养学生从事电气设备控制系统的安装、调试与维护等的基本职业能力，学生应能通过《电工四级》国家职业资格鉴定，并为后续专业课程的学习作前期准备。

（2）课程设计理念

1）增强现代意识，培养专门人才。

学生掌握了电气控制技术，能够从事电气控制设备和机电一体化设备的运行、安装、调试与维护、电气产品生产现场的设备操作、产品测试和生产管理、工程项目的电气设备施工、维护和技术服务、电气类产品的营销与售后服务、生产一线从事技术管理、操作、维护检修及质检管理等方面工作。熟悉电气控制技术的应用，使用电气控制技术解决实际生产中的问题，是本课程义不容辞的责任。

2）围绕核心技术，培养创新精神。

锻炼学生的应变能力、创新能力，是本课程的宗旨。因而我们课程的项目教学以培养学生具有一定创新能力和创新精神、良好的发展潜力为主旨，以行业科技和社会发展的先进水平为标准，充分体现规范性、先进性和实效性。

3）关注全体学生，营造自主学习氛围。

以学生为主体开展学习活动，创设易于调动学生学习积极性的环境，结合职校学生特点引导学生主动学习，形成自主学习的氛围。

（3）课程开发思路

遵循由简到难的原则确定教学项目，确定好教学项目以后，关键的任务是使学生在教师指导下自立学习，全面提高职业能力，实现人才培养与人才需求的对接。将传统的以理论教学为主、实践教学为辅的形式，改为以实践教学为主、理论教学为辅的形式。

1）建立电气控制实训室。

为了突出其生产服务的特点，可以把教室建设成工厂的模样，模拟企业的生产形式组织教学，建立一套车间班组体制。

2）任务的下达及工作计划的制订。

在教学过程中，由教师下达学习任务，实施教学项目。在任务的确定中，要遵循由简入难的原则，先从小项目做起。学生收到任务书后，每个小组都要经过自主学习、讨论，制订具体的工作计划，包括确定项目的目的、项目用到的原理分析、项目所需器材、项目实施内容及步骤、项目的注意事项等。

3）工作过程。

学生在实施项目时需提交材料及工具申请，获得准许后到材料员处领取所报材料及工具，再开始进行电路的设计、安装。连接完毕后，通过通电进行调试、故障诊断，从而学习电气设备的安装调试，掌握相应的理论知识。在工作过程中，教师可以进行提问，引导学生提出问题，发现问题，进而解决问题。

有的项目比较复杂，比如摇臂钻床控制电路的设计、安装与调试，很多学生没有见过实物，分析起来有点难度，可以先带领学生实地参观工厂，对机床先有一个感性认识，然后学生分析机床工作的原理，明确机床在生产过程中的各种教学动作，明确机床对电气控制的要求，再进行设计、安装、调试。

4）项目验收及评价。

在考核过程中需灵活多变，不再以单一的考核方式评定学生的优劣，也不再等到期末进行考试，而是因材施教，随时考核。整合教学资源，通过不同层次教学评价和反馈，不断总结和完善，达到进一步提高教学质量的效果。

2. 课程目标

本课程的总体目标是通过层次性循序渐进的学习过程，使学生克服对本课程知识的畏惧感，激发学生的求知欲，培养学生勇于克服困难、终生探索的兴趣。培养学生能够使用电气控制技术对工业生产设备进行控制，并具备对各种复杂控制系统设计、调试和排除故障的基本能力，使学生了解电气控制技术在工业自动化领域的发展动态和趋势。

（1）知识目标

1）掌握电机的应用、了解电机控制的基础知识与发展，从而使学生在未来的工作实践中能够把握该项技术的发展和应用研究趋势，更好地服务其专业工作。

2）掌握常用低压电器的功能、结构、原理、选用与维修方法。

3）掌握交流电动机控制电路的工作原理，并熟练进行安装、调试与维修。

（2）素质目标

1）对从事电气控制技术工作，充满热情。

2）有较强的求知欲。乐于、善于使用所学电气控制技术解决生产实际问题，具有克服困难的信心和决心，从实现目标、完善成果中体验喜悦。

3）具有实事求是的科学态度，乐于通过亲历实践，检验、判断各种技术问题。

4）在工作实践中，有与他人合作的团队精神，敢于提出与别人不同的见解，也勇于放弃或修正自己的错误观点。

（3）能力目标

1）通过理论实践一体化课堂学习，使学生获得较强的实践能力，具备必要的基本知识，具有一定的查阅图书资料进行自学、提出问题、分析问题的能力。

2）通过该课程各项实践技能的训练，使学生经历基本的工程技术工作过程，学会使用相关工具从事生产实践，形成尊重科学、实事求是、与时俱进、服务未来的科学态度。

3）通过对电机及控制方法的认识和深刻领会，以及教学实训过程中创新方法的训练，培养学生独立分析问题、解决问题和技术创新的能力，使学生养成良好的思维习惯，掌握基本的思考与设计的方法，在未来的工作中敢于创新、善于创新。

4）在技能训练中，注意培养爱护工具和设备、安全文明生产的好习惯，严格执行电工安全操作规程。

上述 4 个层面的目标相互渗透、有机联系，共同构成电气控制技术课程的培养目标。在具体的教学活动中，要引导学生在应用电气控制技术的过程中，实现知识与技能、过程与方法、情感态度与价值观等不同层面职业素养的综合提升与发展。

3. 课程内容

根据专业课程目标和涵盖的工作任务要求，确定课程内容和要求，建议总学时 78 学时，见表 1。

表 1　课程要求和学时

项目名称	知识要求	技能要求	授课形式	学时安排
项目 1 低压电器的选用与检修	1. 知道常用低压电器的规格，理解其基本构造及工作原理； 2. 会识读常用低压电器产品型号、图形符号、文字符号； 3. 懂得常用低压电器故障诊断及排除的知识	1. 电工工具的使用； 2. 低压电器的拆装； 3. 低压电器的检修	讲授、研讨、操作、演示	10
项目 2 电动机直接控制电路	1. 会分析点动、长动控制电路原理； 2. 懂得点动、长动控制电路的安装知识； 3. 知道电气图的分类与制图的一般规则	1. 低压电器的选择； 2. 绘制点动、长动控制电路的位置图、接线图； 3. 点动、长动控制电路安装与调试、故障排除	讲授、研讨、任务驱动	8
项目 3 电动机正反转控制电路	1. 懂得互锁、电动机正反转的含义； 2. 会分析正反转控制电路、位置控制电路的原理； 3. 懂得正反转控制电路、位置控制电路的安装、故障排除的知识	1. 低压电器的选择； 2. 绘制正反转控制电路、位置控制电路的位置图、接线图； 3. 正反转控制电路、位置控制电路安装与调试、故障排除	讲授、研讨、任务驱动	6
项目 4 电动机顺序控制电路	1. 懂得顺序控制的含义； 2. 会分析顺序控制电路的原理； 3. 懂得顺序控制电路的安装、故障排除的知识	1. 低压电器的选择； 2. 绘制顺序控制电路的位置图、接线图； 3. 顺序控制电路安装与调试、故障排除	讲授、研讨、任务驱动	6
项目 5 电动机减压起动控制电路	1. 懂得减压起动的含义、分类； 2. 会分析定子串电阻、丫-△减压起动、自耦变压器减压起动控制电路的原理； 3. 懂得定子串电阻、丫-△减压起动、自耦变压器减压起动控制电路的安装、故障排除的知识	1. 低压电器的选择； 2. 绘制定子串电阻、丫-△减压起动、自耦变压器减压起动控制电路的位置图、接线图； 3. 丫-△减压起动、自耦变压器减压起动控制电路安装与调试、故障排除	讲授、研讨、任务驱动	8

（续）

项目名称	知识要求	技能要求	授课形式	学时安排
项目6 三相异步电动机制动控制电路	1. 懂得制动的含义、分类； 2. 会分析制动控制电路的原理； 3. 懂得制动控制电路的安装、故障排除的知识	1. 低压电器的选择； 2. 绘制制动控制电路的位置图、接线图； 3. 制动控制电路安装与调试、故障排除	讲授、研讨、任务驱动	12
项目7 低压电气控制电路的设计与调试	掌握电动机的控制方式、保护方式，会进行元器件的选型	1. 电工工具和仪表的使用； 2. 电气控制电路的改装与调试； 3. 电气控制电路运行检查	讲授、研讨、任务驱动	6
项目8 CA6150型卧式车床电气控制电路	1. 了解CA6150型卧式车床的结构、运动形式及电气控制要求； 2. 会分析CA6150型卧式车床电气控制电路工作原理	能识别CA6150型卧式车床的电气元器件并熟练操作CA6150型平面磨床	讲授、研讨、任务驱动	6
项目9 M7130型平面磨床电气控制电路	1. 了解M7130型平面磨床的结构、运动形式及电气控制要求； 2. 会分析M7130型平面磨床的电气控制电路工作原理	能识别M7130型平面磨床的电气元器件并熟练操作M7130型平面磨床	讲授、研讨、任务驱动	6
项目10 Z3050型摇臂钻床电气控制电路	1. 了解Z3050型平摇臂钻床的结构、运动形式及电气控制要求； 2. 会分析Z3050型摇臂钻床电气控制电路工作原理	能识别Z3050型摇臂钻床的电气元器件并熟练操作M7130型平面磨床	讲授、研讨、任务驱动	8
机动				2
合计				78

4. 课程实施和建议

（1）课程的重点、难点及解决办法

课程重点：三相异步电动机的电气控制电路以及典型机床电气控制电路、机床设备电气控制的基本理论、安装调试。

课程难点：电气控制系统的基本控制电路、典型机床电气控制系统分析、机床控制系统的设计和调试、电气控制装置设计等。

解决办法：在理论教学中，根据高职高专学生特点及"就业为导向、素质为本位、能力为核心"的人才培养模式的要求，以生产实际为依托，采用深入浅出的教学方法，使学生掌握必要的理论知识。在实训教学中，可采取在学期课程结束时进行1周综合实训教学，巩固学生所学知识，增强学生的动手能力和实践能力。

（2）教学评价

1）课程考核方式。

该课程的考核方式采用"实操＋平时考核"的评定方法，学生在学完该课程规定的内容后，教师根据学生期末考试成绩（占总成绩50%）、平时考核（占总成绩50%）成绩进行综合评定，成绩合格者予以通过。其中，平时考核由授课教师根据学生日常考勤、实际操作、回答问题、学习态度等方面进行评定。课程考核方式参见表2。

表2 课程考核方式

考核项目		考核方法	比 例
过程考核	态度纪律	上课是否迟到早退、玩手机、睡觉	10%
	课堂实践	是否完成该课堂布置任务，是否提交该堂课布置作业，是否认真回答问题，是否积极提问	40%
结果考核	期末考试	操作类考试	50%
合计			100%

2）课程考核标准。

态度纪律考核标准见表3。

表3 态度纪律考核标准

考核点	考核比例	评价标准		
		优秀（86~100）	良好（70~85）	及格（60~69）
课堂学习	30%	没有缺勤情况；能够爱护实训场地设备和卫生；能积极主动地向老师提问，并正确回答问题	缺勤10%以下；能够爱护实训场地设备和卫生；能积极主动地向老师提问，并正确回答问题	缺勤30%以下；能够爱护实训场地设备和卫生；能基本回答教师提问
实际操作	40%	能按时完成实训任务；能积极主动地进行自我学习	能按时完成80%实训任务；能进行自我学习	能按时完成60%实训任务
小组学习	30%	能积极参加小组活动；能主动代表小组参与小组间的竞赛；能提出合理化的建议，积极组织小组学习活动；能帮助或辅导小组成员进行有效的学习	能积极参加小组活动；能提出合理化的建议；能帮助或辅助小组成员进行有效的学习	能参加小组活动；能在小组成员的辅导下进行有效的学习
合计		100%		

课堂实践考核标准参见表4。

表4 课堂实践考核标准

考核点	考核比例	评价标准		
		优秀（86~100）	良好（70~85）	及格（60~69）
系统实现	70%	能综合运用本教学单元知识很好地完成课堂实践；能在规定的时间内完成实践	能综合运用本教学单元知识完成课堂实践；能在规定的时间内完成实践	能基本完成课堂实践；能在规定时间内完成实践
创新能力	15%	能积极主动地发现问题、分析问题和解决问题；有创新；采用了优化方案	能发现问题并通过各种途径解决问题；有一定的创新	能发现问题并在他人的帮助下解决问题；局部方案有新意
表达能力	15%	能对实践过程正确讲解；能正确回答问题；能辅导他人完成课堂实践	能较正确地对实践过程进行讲解；能回答问题	能对实践过程进行讲解；能回答部分问题
合计		100%		

期末考试考核标准参见表5。

表5　期末考试考核标准

序　号	教学模块	考核的知识点	比　例
1	低压电器的选用与检修	能正确绘制电路符号；能正确识别器件；空气阻尼式时间继电器的改装及调试；交流接触器的拆装、检修及调试；低压电器常见故障检测方法	20%
2	三相异步电动机直接控制电路的安装与调试	能正确绘图；能正确选择器件；能正确接线和系统调试；三相笼型异步电动机点动控制电路和连续转动电路的原理分析	10%
3	三相笼型异步电动机正反转控制电路的安装与调试	能正确绘图；能正确选择器件；能正确接线和系统调试；三相笼型异步电动机正反转控制电路的原理分析	10%
4	三相异步电动机减压起动控制电路的安装与调试	低压电器的选择；绘制定子串电阻、丫－△减压起动、自耦变压器减压起动控制电路的位置图、接线图；丫－△减压起动、自耦变压器减压起动控制电路安装与调试、故障排除	15%
5	三相异步电动机顺序控制电路的安装与调试	低压电器的选择；绘制顺序控制电路的位置图、接线图；顺序控制电路安装与调试、故障排除	10%
6	三相异步电动机制动控制电路的安装与调试	低压电器的选择；绘制制动控制电路的位置图、接线图；制动控制电路安装与调试、故障排除	10%
7	低压电气控制电路的设计与调试	电工工具和仪表的使用；电气控制电路的改装与调试；电气控制电路运行检查	10%
8	CA6150型卧式车床电气控制电路的认识与检修	能识别CA6150型卧式车床的电气元器件并熟练操作CA6150型平面磨床	5%
9	M7130型平面磨床电气控制电路的认识与检修	能识别M7130型平面磨床的电气元器件并熟练操作M7130型平面磨床	5%
10	Z3050型摇臂钻床电气控制电路的认识与检修	能识别Z3050型摇臂钻床的电气元器件并熟练操作M7130型平面磨床	5%
合计			100%

5. 电气控制系统的发展

（1）电气拖动的发展

电气控制与电气拖动有着密切的关系，20世纪初，由于电动机的出现，使得机床的拖动发生了变革，用电动机代替了蒸汽机，机床的电气拖动随电动机的发展而发展。

单电动机拖动，即一台电动机拖动一台机床，缩短了传动路线，提高了传动效率，至今中小型通用机床仍有采用单电动机拖动的。由于生产的发展，机床的运动增多、要求提高，出现了采用多台电动机驱动一台机床的拖动方式。采用了多电动机拖动以后，不但简化了机械结构、提高了传动效率，而且易于实现各运动部件的自动化。多电动机拖动是现代机床最基本的拖动方式。交、直流无级调速，具有可灵活选择最佳切削速度和极大简化机械传动结构的优点。由于直流电动机具有良好的起动、制动和调速性能，可以很方便地在宽范围内实现平滑无级调速。

（2）手动控制到自动控制

20 世纪 20~30 年代，最初采用一些手动控制电器，通过人力操作实现电动机的起动、停止和正反转，适用容量小、不频繁起动的场合。后来采用继电器、接触器、位置开关和保护电器组成的自动控制方式，有控制方式简单、工作稳定、成本低等优点。由于继电器控制系统接线固定、使用单一，人们把目标转向计算机系统，具有系统灵活、通用性高、控制功能和控制精度高等优点，但也有系统复杂、抗干扰能力差、成本高等缺陷。20 世纪 60 年代出现了顺序控制器，这种以逻辑元件插接方式组成的控制系统，编程简单、成本降低，但还是硬件控制，体积大。20 世纪 70 年代，可编程序控制器（PLC）出现，它以微处理技术为核心，综合计算机技术、自动控制技术和通信技术，以软件手段实现各种控制功能，具有极高的抗干扰能力、适宜各种恶劣生产环境，兼有计算机和继电器两种控制的优点。

低压电器的选用与检修

任务 1.1　开关电器的选用与检修

知识目标：了解开关电器的基本结构、分类及选用方法。

技能目标：掌握开关电器的安装及检修方法。

素养目标：培养学生养成自觉遵守安全及技能操作规程和认真负责、精心操作的工作习惯，以及团队合作意识。

重点和难点：开关电器的选用、安装调试及故障的排除。

解决方法：教师指导、实例演示、小组讨论、分组操作。

建议学时：2 学时。

1.1.1　任务分析

开关电器常用于隔离、转换、接通及分断电路，可用于机床电路的电源开关、局部照明电路的开关，有时也可以用来直接对小容量电动机的起动、停止和正反转实施控制。通常使用的开关电器有刀开关、组合开关和低压断路器，如图 1-1 所示。

图 1-1　开关电器

1.1.2　相关知识——开关、断路器

1. 刀开关

刀开关是手动电器中结构最简单的一种，被广泛应用于各种配电设备和供电电路，一般用来作为电源的引入开关或隔离开关，也可用于小容量的三相异步电动机不频繁地起动或停止的电路中。在电力拖动控制电路中最常用的是由刀开关和熔断器组合而成的负荷开关。

刀开关按极数划分有单极、双级和三极三种。

（1）开启式负荷开关

开启式负荷开关又称为瓷底胶盖刀开关，简称闸刀开关。主要用作隔离电源，也可用于不频繁地接通和分断容量较小的低压配电电路。适用于照明、电热设备及小容量电动机控制电路，供手动不频繁地接通和分断电路。

开启式负荷开关外形、结构与符号如图1-2所示。

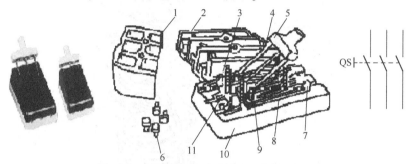

图1-2　开启式负荷开关外形、结构与符号

1—上胶盖　2—下胶盖　3—插座　4—触刀　5—操作手柄
6—固定螺母　7—进线端　8—熔丝　9—触点座　10—底座　11—出线端

开启式负荷开关型号与含义如图1-3所示。

图1-3　型号与含义

（2）封闭式负荷开关（俗称铁壳开关）

封闭式负荷开关具有铸铁或铸钢制成的封闭外壳，其外形、结构图如图1-4所示。

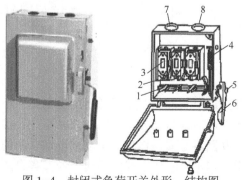

图1-4　封闭式负荷开关外形、结构图

1—触刀　2—插座　3—熔断器　4—速断弹簧　5—转轴　6—操作手柄　7—进线口　8—出线口

封闭式负荷开关的型号含义如图 1-5 所示。

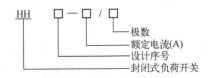

图 1-5　型号与含义

2. 组合开关（又称转换开关）

组合开关的作用：电源的引入开关；通断小电流电路；控制 5kW 以下电动机。

组合开关的分类：按极数分有单极、双极和三极，按层数分有三层、六层等。

组合开关的外形、结构与符号如图 1-6 所示。

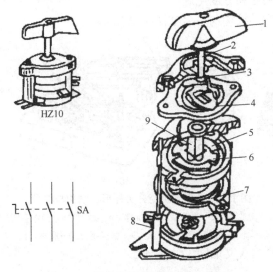

图 1-6　组合开关外形、结构与符号

1—手柄　2—转轴　3—弹簧　4—凸轮　5—绝缘垫板

6—动触片　7—静触片　8—接线柱　9—绝缘杆

组合开关的型号与含义如图 1-7 所示。

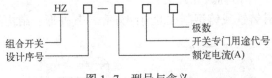

图 1-7　型号与含义

3. 低压断路器

低压断路器俗称自动开关或空气开关，用于低压配电电路中不频繁的通断控制。在电路发生短路、过载或欠电压等故障时能自动分断故障电路，是一种控制兼保护电器。

低压断路器工作原理：断路器是靠操作机构手动或电动合闸的，触点闭合后，自由脱扣机构将触点锁在合闸位置上。当电路发生上述故障时，通过各自的脱扣器使自由脱扣机构动作，自动跳闸以实现保护作用。分励脱扣器则作为远距离控制分断电路之用。过电流脱扣器用于电路的短路和过电流保护，当电路的电流大于整定的电流值时，过电流脱扣器所产生的电磁力使挂钩脱扣，动触点在弹簧的拉力下迅速断开，实现断路器的跳闸功能。

低压断路器分类：油断路器、压缩空气断路器、真空断路器、SF6断路器。

低压断路器外形、结构与符号如图1-8所示。

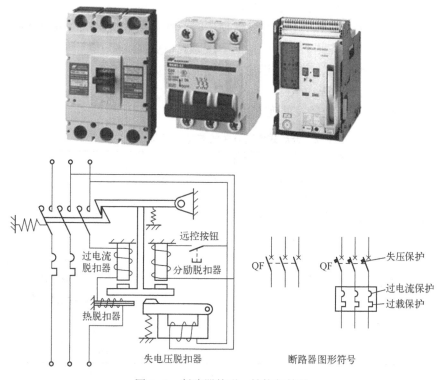

远控按钮

过电流脱扣器

分励脱扣器

热脱扣器

失电压脱扣器

失压保护

过电流保护

过载保护

QF

QF

断路器图形符号

图1-8 断路器外形、结构与符号

1.1.3 任务实施

需准备的元器件和工具清单见表1-1。

表1-1 元器件和工具清单

序 号	元器件和工具	型号与规格	数 量	单 位	备 注
1	常用电工工具	验电笔、螺钉旋具（一字和十字）、电工刀、尖嘴钳、钢丝钳、压线钳等	1	套	
2	万用表	MF47、DT9502或自定	1	块	
3	刀开关	HK2	1	个	QS
4	组合开关	HZ5D	1	组	SA
5	低压断路器	DZ47	3	只	QF

1. 刀开关的选用与安装

（1）刀开关选用

1）用于照明和电热负载时，选用额定电压220V或250V，额定电流不小于电路所有负载额定电流之和的双极开关。

2）用于控制电动机的直接起动和停止时，选用额定电压 380V 或 500V，额定电流不小于电动机额定电流 3 倍的三极开关。

（2）安装与使用

1）开启式负荷开关必须垂直安装在控制屏或开关板上，且处于合闸状态时手柄应朝上，不允许倒装或平装，以防发生误合闸事故。

2）开启式负荷开关控制照明和电热负载使用时，要装接熔断器作短路和过载保护。

3）更换熔体时，必须在闸刀断开的情况下按原规格更换。

4）在分闸和合闸操作时，动作应迅速，使电弧尽快熄灭。

（3）常见故障及处理方法

开启式负荷开关的常见故障及处理方法见表 1-2。

表 1-2　开启式负荷开关的常见故障及处理方法

故障现象	可能原因	处理方法
合闸后，开关一相或两相开路	静触点弹性消失，开口过大，造成动、静触点接触不良	修整或更换静触点
	熔丝熔断或虚连	更换熔丝或紧固
	动、静触点氧化或有尘污	清洁触点
	开关进线或出线线头接触不良	重新连接
合闸后，熔丝熔断	外接负载短路	排除负载短路故障
	熔体规格偏小	按要求更换熔体
触点烧坏	开关容量太小	更换开关
	拉、合闸动作过程慢，造成电弧过大，烧坏触点	修整或更换触点，并改善操作方法

2. 组合开关的选用与安装

（1）组合开关的选用

组合开关应根据电源种类、电压等级、所需触点数、接线方式和负载容量进行选用。

1）用于照明或电热电路时，组合开关的额定电流应等于或大于电路中各负载电流的总和。

2）用于直接控制异步电动机的起动和正反转时，开关的额定电流一般取电动机额定电流的 1.5~2.5 倍。

（2）组合开关的安装与使用

1）HZ10 系列组合开关应安装在控制箱（或壳体）内，其操作手柄最好装在控制箱的前面或侧面。开关为断开状态时应使手柄在水平旋转位置。HZ3 系列组合开关外壳上的接地螺钉应可靠接地。

2）若需在箱内操作，开关最好装在箱内右上方，并且在它的上方不安装其他电器，否则应采取隔离或绝缘措施。

3）组合开关的通断能力较低，不能用来分断故障电流。用于控制异步电动机的正反转时，必须在电动机完全停止转动后才能反向起动，且每小时的接通次数不能超过 15~20 次。

4）当操作频率过高或负载功率因数较低时，大容量的开关按低容量的来使用，以延长其使用寿命。

5）组合开关接线时，应将开关两侧进出线中的一相互换，并看清开关接线端标记，切忌接错，以免产生电源两相短路故障。

（3）常见故障及处理方法

组合开关的常见故障及处理方法见表1-3。

表1-3 组合开关的常见故障及处理方法

故障现象	可能原因	处理方法
手柄转动后，内部触点未动	手柄上的轴孔磨损变形	调换手柄
	绝缘杆变形（由方形磨为圆形）	更换绝缘杆
	手柄与方轴，或轴与绝缘杆配合松动	紧固松动部件
	操作机构损坏	修理更换
手柄转动后，动、静触点不能按要求动作	组合开关型号选用不正确	更换开关
	触点角度装配不正确	重新装配
	触点失去弹性或接触不良	更换触点或清除氧化层或尘污
接线柱间短路	因铁屑或油污附着接线柱部，形成导电层，将胶木烧焦，绝缘损坏而形成短路	更换开关

3. 低压断路器的选用与安装

（1）低压断路器的选用

1）低压断路器的额定电压和额定电流应不小于电路的正常工作电压和计算负载电流。

2）热脱扣器的整定电流应等于所控制负载的额定电流。

3）电磁脱扣器的瞬时脱扣整定电流应大于负载正常工作时可能出现的峰值电流。用于控制电动机的断路器，其瞬时脱扣整定电流可按下式选取：

$$I_Z \geqslant KI_{st}$$

式中，K 为安全系数，可取 1.5~1.7；I_{st} 为电动机的起动电流。

4）欠电压脱扣器的额定电压应等于电路的额定电压。

5）断路器的极限通断能力应不小于电路最大短路电流。

（2）低压断路器的安装与使用

1）低压断路器应垂直于配线板安装，电源引线应接到上端，负载引线接到下端。

2）低压断路器用作电源总开关或电动机的控制开关时，在电源进线侧必须加装刀开关或熔断器等，以形成明显的断开点。

3）低压断路器在使用前应将脱扣器工作面的防锈油脂擦干净；各脱扣器动作值一经调整好，不允许随意变动，以免影响其动作。

4）使用过程中若遇分断短路电流，应及时检查触点系统，若发现电灼烧痕迹，应及时修理或更换。

5）断路器上的积尘应定期清除，并定期检查各脱扣器动作值，给操作机构添加润滑剂。

（3）常见故障及处理方法

低压断路器的常见故障及处理方法见表1-4。

表1-4　低压断路器的常见故障及处理方法

故 障 现 象	可 能 原 因	处 理 方 法
不能合闸	欠压脱扣器无电压或线圈损坏	检查施加电压或更换线圈
	储能弹簧变形	更换储能弹簧
	反作用弹簧力过大	重新调整弹簧
	机构不能复位再扣	调整再扣接触面至规定值
电流达到整定值，断路器不动作	热脱扣器双金属片损坏	更换双金属片
	电磁脱扣器的衔铁与铁心距离太大或电磁线圈损坏	调整衔铁与铁心距离或更换断路器
	主触点熔焊	检查原因并更换主触点
起动电动机时断路器立即分断	电磁脱扣器瞬动整定值过小	调高整定值至规定值
	电磁脱扣器某些零件损坏	更换脱扣器
断路器闭合后经一定时间自行分断	热脱扣器整定值过小	调高整定值至规定值
断路器温升过高	触点压力过小	调整触点压力或更换弹簧
	触点表面过分磨损或连接不良	更换触点或修整接触面
	两个导电零件联接螺钉松动	重新拧紧

1.1.4　任务考评

根据班级人数先分组，然后进行任务实施，实施过程中的考评细节参见表1-5。

表1-5　任务考评

项　目	评价指标	自　评	互　评	自评、互评平均分	总　分
工作任务（40分）	开关电器原理分析（10分）				
	开关电器选用是否正确（10分）				
	开关电器安装正确性（10分）				
	开关电器检测与维护是否正确（10分）				
职业素养（15分）	工作服整洁、无饰品或硬质件（5分）				
	正确查阅维修资料和学习材料（5分）				
	8S素养（5分）				
个人思考和总结（5分）	按照完成任务的安全、质量、时间和8S要求，提出个人改进性建议				
教师评价（40分）		教师评分			

注：8S素养是整理（SEIRI）、整顿（SEITON）、清扫（SEISO）、清洁（SEIKETSU）、素养（SHITSUKE）、安全（SAFETY）、节约（SAVE）、学习（STUDY）8个项目。

 思考：

（1）如何选用低压断路器？安装时应注意哪些？

（2）刀开关常见故障及检修方法是什么？

1.1.5 课后习题

1. 刀开关的结构和工作原理是什么？
2. 刀开关应如何安装？为什么？
3. 低压断路器的作用是什么？分为哪两类？由什么组成？

任务 1.2 熔断器的选用与检修

知识目标：了解熔断器的基本结构、分类及选用方法。

技能目标：掌握熔断器的安装及检修方法。

素养目标：培养学生养成自觉遵守安全及技能操作规程和认真负责、精心操作的工作习惯，以及团队合作意识。

重点和难点：熔断器的选用、安装调试及故障的排除。

解决方法：教师指导、实例演示、小组讨论、分组操作。

建议学时：2 学时。

1.2.1 任务分析

熔断器是一种结构简单、价格低廉、动作可靠、使用维护方便的保护电器。在低压配电网络和电力拖动系统中主要用作短路保护。使用时串联在被保护的电路中，如图1-9所示。

图 1-9 熔断器

1.2.2 相关知识——熔断器

熔断器由熔体和安装熔体的绝缘底座（或称熔管）组成。熔体由易熔金属材料铅、锌、锡、铜、银及其合金制成，形状常为丝状或网状。由铅锡合金和锌等低熔点金属制成的熔体，因不易灭弧，多用于小电流电路；由铜、银等高熔点金属制成的熔体，易于灭弧，多用于大电流电路。

熔断器在电路中主要起短路保护作用，用于保护电路。熔断器的熔体串接于被保护的电路中，熔断器以其自身产生的热量使熔体熔断，从而自动切断电路，实现短路保护及过载保护。

熔断器具有结构简单、体积小、重量轻、使用维护方便、价格低廉、分断能力较高、限流能力良好等优点，因此在电路中得到广泛应用。

熔断器外形、结构与符号如图1-10所示。

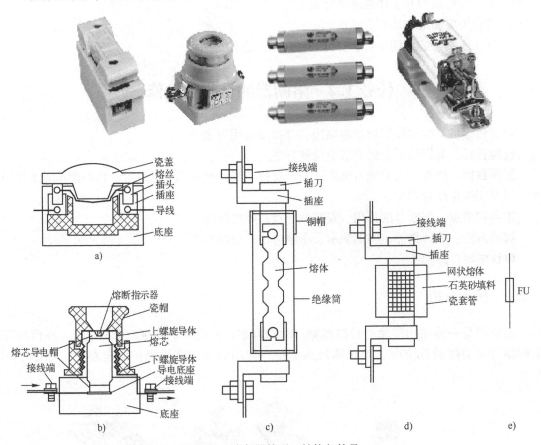

图1-10 熔断器外形、结构与符号

a) RC1型瓷插式熔断器　b) RL1型螺旋式熔断器　c) RM10型密封管式熔断器

d) RT0型有填料式熔断器　e) 熔断器图形符号

熔断器型号含义表示如图1-11所示。

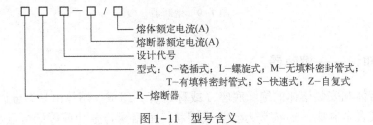

图1-11 型号含义

1.2.3 任务实施

准备元器件和工具清单见表1-6。

表 1-6　元器件和工具清单

序　号	元器件和工具	型号与规格	数　量	单　位	备　注
1	常用电工工具	验电笔、螺钉旋具（一字和十字）、电工刀、尖嘴钳、钢丝钳、压线钳等	1	套	
2	万用表	MF47、DT9502 或自定	1	块	
3	熔断器	RL1-15/15 15A 熔断器配 15A 熔体	3	只	FU
4	配线板	木质配线板 600 mm×500 mm×20 mm	1	块	

1. 熔断器类型的选择

根据使用环境和负载性质选择适当类型的熔断器。对于容量较小的照明电路，可选用 RC1A 系列插入式熔断器；在开关柜或配电屏中可选用 RM10 系列无填料封闭管式熔断器；对于短路电流相当大或有易燃气体的地方，应选用 RT0 系列有填料封闭管式熔断器；在机床控制电路中，多选用 RL1 系列螺旋式熔断器；用于半导体功率元件及晶闸管保护时，则应选用 RLS 或 RS 系列快速熔断器等。

2. 熔体额定电流的选择

（1）对照明、电热等电流较平稳、无冲击电流的负载短路保护，熔体的额定电流应等于或稍大于负载的额定电流。对一台不经常起动且起动时间不长的电动机的短路保护，$I_{RN} \geqslant (1.5 \sim 2.5)I_N$。

（2）对多台电动机的短路保护，熔体的额定电流应大于或等于其中最大容量电动机的额定电流 I_{Nmax} 的 $1.5 \sim 2.5$ 倍加上其他电动机额定电流的总和 $\sum I_N$，即

$$I_{RN} \geqslant (1.5 \sim 2.5)I_{Nmax} + \sum I_N$$

（3）熔断器额定电压和额定电流的选择。

熔断器的额定电压必须等于或大于电路的额定电压；熔断器的额定电流必须等于或大于所装熔体的额定电流。

（4）熔断器的分断能力应大于电路中可能出现的最大短路电流。

1.2.4　任务考评

根据班级人数先分组，然后进行任务实施，实施过程中的考评细节参见表 1-7。

表 1-7　任务考评

项　　目	评价指标	自　评	互　评	自评、互评平均分	总　分
工作任务 （40分）	熔断器原理分析（10分）				
	熔断器选用是否正确（10分）				
	熔断器安装正确性（10分）				
	熔断器检测与维护是否正确（10分）				
职业素养 （15分）	工作服整洁、无饰品或硬质件（5分）				
	正确查阅维修资料和学习材料（5分）				
	8S 素养（5分）				
个人思考和总结 （5分）	按照完成任务的安全、质量、时间和 8S 要求，提出个人改进性建议				
教师评价 （40分）		教师评分			

思考:

如何正确选用熔体的额定电流? 安装熔体时应注意哪些?

1.2.5 课后习题

1. 熔断器在电路中的主要作用是什么?
2. 熔断器的选用原则有哪些?
3. 熔断器由哪几部分组成? 分为哪几类?

任务1.3 接触器的选用与检修

知识目标:了解接触器的基本结构、分类及选用方法。

技能目标:掌握接触器的安装及检修方法。

素养目标:培养学生养成自觉遵守安全及技能操作规程和认真负责、精心操作的工作习惯,以及团队合作意识。

重点和难点:接触器的选用、安装调试及故障的排除。

解决方法:教师指导、实例演示、小组讨论、分组操作。

建议学时:2学时。

1.3.1 任务分析

接触器是一种自动的电磁式开关,适用于远距离频繁地接通或断开交、直流电路及大容量控制电路。主要控制对象是电动机,也可用于控制其他负载,如电热设备、电焊机以及电容器组等。接触器按主触点通过的电流种类,分为交流接触器和直流接触器两种,其外形示例如图1-12所示。

图1-12 接触器外形示例

a) 专用接触器 b) 机械联锁可逆接触器 c) 交流接触器 d) 直流接触器

1.3.2 相关知识——接触器

接触器由触点系统、电磁系统、灭弧系统和辅助系统组成。三相交流接触器外形、结构与图形符号如图1-13所示。接触器型号与含义如图1-14所示。

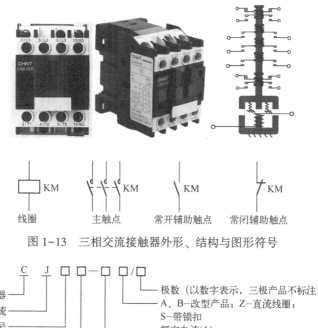

线圈　　　　　主触点　　　　常开辅助触点　　　常闭辅助触点

图1-13　三相交流接触器外形、结构与图形符号

```
    C  J  □  □  —  □  □  / □
接触器 ┘  │  │  │     │  │    │
交流 ───┘  │  │     │  │    └ 极数（以数字表示，三极产品不标注）
设计序号 ──┘  │     │  └───── A、B-改型产品；Z-直流线圈；
              │     │          S-带锁扣
              │     └──────── 额定电流(A)
              └────────────── Z-重任务；X-消弧；B-栅片去游离灭弧
```

图1-14　型号与含义

接触器工作原理：当线圈接通额定电压时，产生电磁力，克服弹簧反力，吸引衔铁（动铁心）向下运动，衔铁带动绝缘连杆和动触点向下运动使常开触点闭合，常闭触点断开。当线圈失电或电压低于释放电压时，电磁力小于弹簧反力，常开触点断开，常闭触点闭合。

接触器有交流接触器、直流接触器之分。常用的交流接触器有CJ10、CJ10X、CJ20、CJX1、CJX2、3TB和3TD等系列。

交流接触器的电磁系统主要由线圈、铁心（静铁心）和衔铁（动铁心）三部分组成。其作用是利用电磁线圈的通电或断电，使衔铁和铁心吸合或释放，从而带动触点与静触点闭合或分断，实现接通或断开电路的目的，常见的电磁机构如图1-15所示。为了减少工作过程中交变磁场在铁心中产生的涡流及磁滞损耗，避免铁心过热，交流接触器的铁心和衔铁一般用E形硅钢片叠压而成。

交流接触器在运行过程中，线圈中通入的交流电在铁心中产生交变的磁通，因而铁心与衔铁间的吸力也是变化的。这会使衔铁产生振动，发出噪声。为消除这一现象，在交流接触器铁心和衔铁的两个不同端部各开一个槽，槽内嵌装一个用铜制成的短路环，如图1-16所示。

交流接触器的触点系统按接触情况可分为点接触、线接触和面接触三种，如图1-17所示。

电弧是触点间气体在强电场作用下产生的放电现象，电弧的产生，一方面会灼伤触点，减少触点的使用寿命；另一方面会使电路切断时间延长，甚至造成弧光短路或引起火灾事

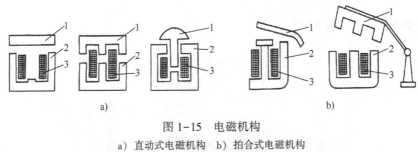

图 1-15　电磁机构

a）直动式电磁机构　b）拍合式电磁机构

1—衔铁　2—铁心　3—线圈

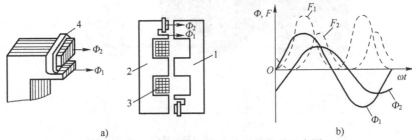

图 1-16　交流电磁铁的短路环和电磁吸力图

a）磁通示意图　b）电磁吸力图

1—衔铁　2—铁心　3—线圈　4—短路环

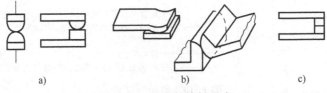

图 1-17　触点的接触形式

a）点接触　b）线接触　c）面接触

故。交流接触器中常用的灭弧方法有三种。双断口结构的电动力灭弧如图 1-18 所示，纵缝灭弧如图 1-19 所示，栅片灭弧如图 1-20 所示。

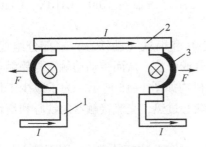
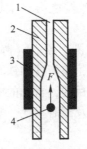
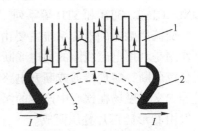

图 1-18　双断口电动力灭弧　　图 1-19　纵缝灭弧　　图 1-20　栅片灭弧示意图

1—静触点　2—动触点　　　1—纵缝　2—介质　　1—灭弧栅片　2—触点　3—电弧

3—电弧　　　　　　　　　3—磁性夹板　4—电弧

1.3.3　任务实施

需准备的元器件和工具清单见表 1-8。

表1-8 元器件和工具清单

序 号	元器件和工具	型号与规格	数 量	单 位	备 注
1	常用电工工具	验电笔、螺钉旋具（一字和十字）、电工刀、尖嘴钳、钢丝钳、压线钳等	1	套	
2	万用表	MF47、DT9502或自定	1	块	
3	交流接触器	CJT1-10	1	个	KM
4	配线板	木质配线板 600 mm×500 mm×20 mm	1	块	

1. CJT1-10 接触器外观

外观结构如图1-21所示。

2. 拆卸过程

（1）松开线圈外部固定螺钉（两颗），如图1-22所示。

（2）松开底盖螺钉（两颗），如图1-23所示。

由于内部有反作用力弹簧，在松开螺钉时手指适当用力按住底盖，防止松开螺钉后内部元件弹出来。

图1-21 CJT1-10 接触器

（3）取出铁心、弹簧夹片和反作用力弹簧，如图1-24所示。

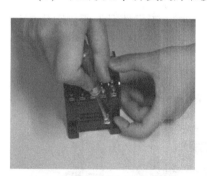
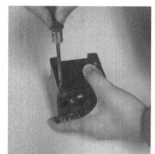
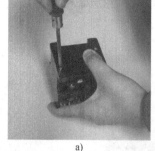

a)

b)

图1-22 松开外部固定螺钉

图1-23 松开底盖螺钉

a) b) c)

图1-24 取出铁心、弹簧夹片和反作用力弹簧

a）取出铁心 b）取出弹簧夹片 c）取出反作用力弹簧

（4）取出线圈，如图1-25所示。

3. 接触器的安装

接触器安装过程与拆除过程相反。

4. 接触器的检测

接触器的检测是要对线圈、主触点以及辅助触点进行检测，图 1-26 所示是对接触器线圈的检测，用万用表 R×10 Ω 档，测量线圈两端之间的阻值，该型号接触器的线圈阻值约为 500 Ω。如果所测阻值较小甚至为零，则说明线圈内部有匝间短路；如果所测阻值为 ∞ ，则说明线圈内部开路。

图 1-25　取出线圈

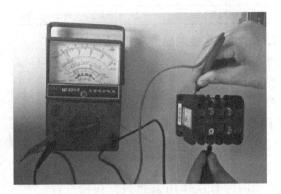
图 1-26　线圈的测量

主触点的检测方法如图 1-27 所示。用万用表 R×1k 或 10k 档，正常情况下所测的阻值应该为 ∞ 。

辅助常闭触点的检测方法如图 1-28 所示。用万用表 R×1 档，正常情况下所测阻值应该接近于零。

辅助常开触点的检测方法与主触点的检测方法相同。

图 1-27　主触点的测量

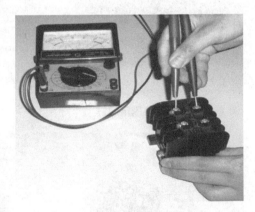
图 1-28　辅助常闭触点的测量

5. 接触器使用与选择

（1）根据负载性质选择接触器的类型。

（2）额定电压应高于或等于主电路工作电压。

（3）额定电流应大于或等于被控电路的额定电流。对于电动机负载，还应根据其运行方式适当增大或减小。

（4）吸引线圈的额定电压与频率要与所在控制电路的选用电压和频率相一致。

6. 接触器的常见故障及处理方法（表1-9）

表1-9　接触器的常见故障及处理方法

故障现象	可能原因	处理方法
接触器不吸合或吸不牢	电源电压过低	调高电源电压
	线圈短路	调换线圈
	线圈技术参数与使用条件不符	调换线圈
	衔铁机械卡阻	排除卡阻物
线圈断电，接触器不释放或释放缓慢	触点熔焊	排除熔焊故障
	铁心极面有油垢	清理铁心极面油垢
	触点弹簧压力过小或反作用弹簧损坏	调整触点弹簧压力或更换反作用弹簧
	机械卡阻	排除卡阻物
触点熔焊	操作频率过高或过负载作用	调换合适的接触器或减小负载
	负载侧短路	排除短路故障，更换触点
	触点弹簧压力过小	调整触点弹簧压力
	触点表面有电弧灼伤	清理触点表面
	机械卡阻	排除卡阻物
铁心噪声过大	电源电压过低	检查线路并提高电源电压
	短路环断裂	调换铁心或短路环
	铁心机械卡阻	排除卡阻物
	铁心极面有油垢或磨损不平	用汽油清洗极面或调换铁心
	触点弹簧压力过大	调整触点弹簧压力
线圈过热或烧毁	线圈匝间短路	更换线圈并找出故障原因
	操作频率过高	调换合适的接触器
	线圈参数与实际使用不符	调换线圈或接触器
	衔铁机械卡阻	排除卡阻物

1.3.4　任务考评

根据班级人数先分组，然后进行任务实施，实施过程中的考评细节参见表1-10。

表1-10　任务考评

项目	评价指标	自评	互评	自评、互评平均分	总分
工作任务（40分）	接触器原理分析（10分）				
	接触器选用是否正确（10分）				
	接触器安装正确性（10分）				
	接触器检测与维护是否正确（10分）				
职业素养（15分）	工作服整洁、无饰品或硬质件（5分）				
	正确查阅维修资料和学习材料（5分）				
	8S素养（5分）				

（续）

项目	评价指标	自评	互评	自评、互评平均分	总分
个人思考和总结（5分）	按照完成任务的安全、质量、时间和8S要求，提出个人改进性建议				
教师评价（40分）		教师评分			

思考：

交流接触器常见故障及检修方法有哪些？

交流接触器拆装时应注意哪些事项？

1.3.5　课后习题

1. 简述交流接触器的工作原理。

2. 交流接触器由哪几部分组成？

3. 交流接触器铁心噪声过大的原因有哪些？

任务 1.4　继电器的选用与检修

知识目标：了解继电器的基本结构、分类及选用方法。

技能目标：掌握继电器的安装及检修方法。

素养目标：培养学生养成自觉遵守安全及技能操作规程和认真负责、精心操作的工作习惯，以及团队合作意识。

重点和难点：继电器的选用、安装调试及故障的排除。

解决方法：教师指导、实例演示、小组讨论、分组操作。

建议学时：2学时。

1.4.1　任务分析

继电器主要作用是控制、检测、保护、调节和信号转换等。它是一种自动和远距离操纵的电器，被广泛应用于电力拖动控制系统、电力保护系统及通信系统。继电器是现代电气装置中最基本的元器件之一，其外形图如图1-29所示。

继电器按输入信号不同分为电压继电器、电流继电器、时间继电器、速度继电器和中间继电器；按线圈电流种类不同分为交流继电器和直流继电器；按用途不同分为控制继电器、保护继电器、通信继电器和安全继电器等。

1.4.2　相关知识——继电器

1. 热继电器

热继电器主要用于电力拖动系统中电动机负载的过载保护。

图 1-29　继电器

热继电器工作原理：当电动机正常运行时，热元件产生的热量虽能使双金属片弯曲，但还不足以使热继电器的触点动作。当电动机过载时，双金属片弯曲位移增大，推动导板使常闭触点断开，从而切断电动机控制电路以起保护作用。热继器动作后一般不能自动复位，要等双金属片冷却后按下复位按钮复位。热继电器动作电流的调节可以借助旋转凸轮于不同位置来实现。热继电器外形、结构与符号如图 1-30 所示。

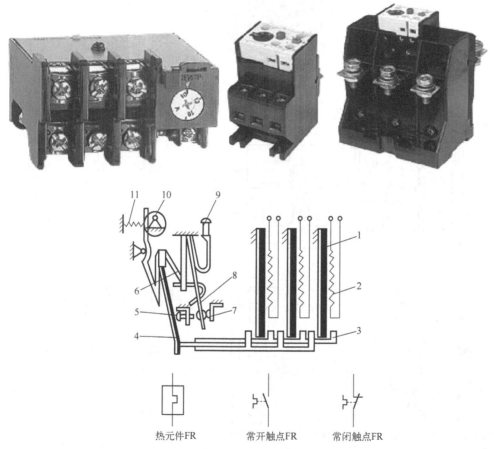

热元件FR　　常开触点FR　　常闭触点FR

图 1-30　热继电器外形、结构与图形符号

1-主双金属片　2-电阻丝　3-导板　4-补偿双金属片　5-螺钉　6-推杆

7-静触点　8-动触点　9-复位按钮　10-调节凸轮　11-弹簧

热继电器型号及含义表示如图 1-31 所示。

热继电器分类：热继电器主要分为两极式和三极式，三极式中又分为带断相保护和不带断相保护。

图 1-31　型号与含义

2. 时间继电器

时间继电器作为延时元件，通常可在交流 50 Hz 或 60 Hz、交流电压 380 V 或直流电压 220 V 的控制电路中作延时元件，按照预定的时间去接通或分断电路。

时间继电器按构成原理分为电磁式、电动式、空气阻尼式、晶体管式、数字式等，按延时方式分为通电延时型和断电延时型。

空气阻尼式时间继电器外形与符号如图 1-32 所示。

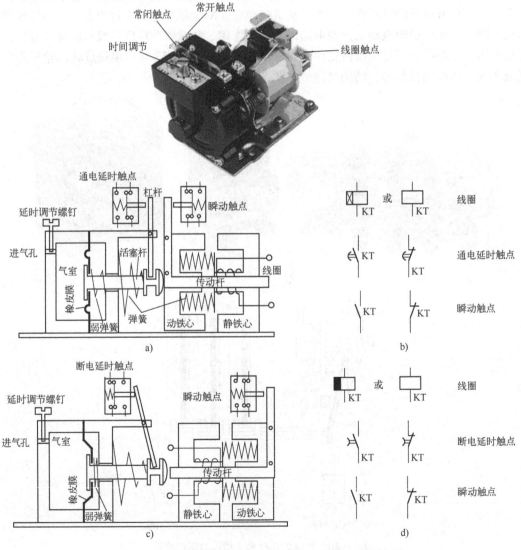

图 1-32　空气阻尼式时间继电器外形、结构和图形符号

a）通电延时继电器示意图　b）通电延时继电器图形符号

c）断电延时继电器示意图　d）断电延时继电器图形符号

3. 中间继电器

中间继电器实质上是一种电压继电器，结构和工作原理与接触器相同，但它的触点数量较多，在电路中主要是扩展触点的数量，另外其触头的额定电流较大，因此，它不但可用于增加控制信号的数目，实现多路同时控制，而且因为触头的额定电流大于线圈的额定电流，故还可用来放大信号。中间继电器外形和符号如图 1-33 所示。

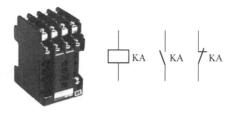

图 1-33 中间继电器外形和图形符号

4. 电流继电器

电流继电器是根据输入电流大小而动作的继电器，其特点是电流继电器的线圈和被保护的设备串联，其线圈匝数少、导线粗、阻抗小、分压小，不影响电路正常工作。按用途分为过电流继电器和欠电流继电器，过电流继电器是指当电路发生短路即线圈电流超过正常负载电流时立即切断电路，欠电流继电器是指当电路电流过低时立即切断电路。电流继电器外形和符号如图 1-34 所示。

通常，交流过电流继电器的吸合电流 $I_o = (1.1 \sim 3.5)I_N$（I_N 为额定电流），直流过电流继电器的吸合电流 $I_o = (0.75 \sim 3)I_N$。由于过电流继电器在出现过电流时衔铁吸合动作，其触点用来切断电路，故过电流继电器无释放电流值。

欠电流继电器正常工作时，继电器线圈流过负载额定电流，衔铁吸合动作；当负载电流降低至继电器释放电流时，衔铁释放，带动触点动作。直流欠电流继电器的吸合电流调节范围为 $I_o = (0.3 \sim 0.65)I_N$；释放电流调节范围为 $I_r = (0.1 \sim 0.2)I_N$。

5. 电压继电器

电压继电器是根据输入电压大小而动作的继电器，其特点是线圈并联在电路中，线圈匝数多、导线细、阻抗大。按用途分为过电压继电器、欠电压继电器、零电压继电器。电压继电器外形和符号如图 1-35 所示。

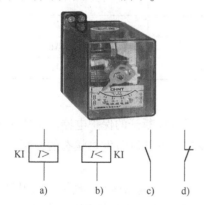

图 1-34 电流继电器外形和符号
a）过电流继电器线圈 b）欠电流继电器线圈
c）常开触点 d）常闭触点

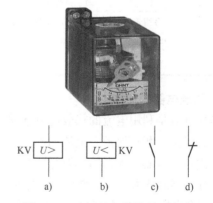

图 1-35 电压继电器外形和符号
a）过电压继电器线圈 b）欠电压继电器线圈
c）常开触点 d）常闭触点

过电压继电器在电路中用于过电压保护，由于直流电路一般不会出现过电压，所以产品中没有直流过电压继电器。交流过电压继电器吸合电压调节范围为 $U_o = (1.05 \sim 1.2)U_N$（U_N 为额定电压）。

欠电压继电器在电路中用于欠电压保护，一般直流欠电压继电器吸合电压 $U_o = (0.3 \sim 0.5)U_N$，释放电压 $U_r = (0.07 \sim 0.2)U_N$。交流欠电压继电器的吸合电压与释放电压的调节范围分别为 $U_o = (0.6 \sim 0.85)U_N$，$U_r = (0.1 \sim 0.35)U_N$。

6. 速度继电器

速度继电器又称为反接制动继电器，主要用于三相笼型异步电动机的反接制动控制，它主要由转子、定子和触点 3 部分组成。转子是一个圆柱形永久磁铁，定子是一个鼠笼型空心圆环，由硅钢片叠成，并装有笼型绕组。其转子的轴与被控电动机的轴相连接，当电动机转动时，转子（圆柱形永久磁铁）随之转动产生一个旋转磁场，定子中的笼型绕组切割磁力线而产生感应电流和磁场，两个磁场相互作用，使定子受力而跟随转动，当达到一定转速时，装在定子轴上的摆锤推动簧片触点运动，使常闭触点断开，常开触点闭合。当电动机转速低于某一数值时，定子产生的转矩减小，触点在簧片作用下复位。速度继电器原理和符号如图 1-36 所示。

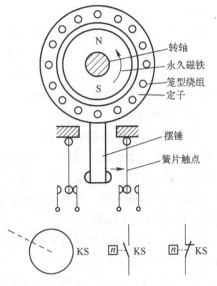

图 1-36　速度继电器原理和符号图

1.4.3　任务实施

需准备的元器件和工具清单见表 1-11。

表 1-11　元器件和工具清单

序号	元器件和工具	型号与规格	数量	单位	备注
1	常用电工工具	验电笔、螺钉旋具（一字和十字）、电工刀、尖嘴钳、钢丝钳、压线钳等	1	套	
2	万用表	MF47、DT9502 或自定	1	块	
3	热继电器	JR36-20	3	只	
4	配线板	木质配线板 600 mm×500 mm×20 mm	1	块	

1. 热继电器的选择

热继电器是利用电流的热效应来推动机构使触点闭合或断开的保护电器。主要用于电动机的过载保护、断相保护、电流的不平衡运行保护及其他电器设备发热状态的控制。常见的金属片式热继电器的外形结构符号，如图 1-37 所示。

热继电器的技术参数主要有额定电压、额定电流、整定电流和热元件规格，选用时，主要考虑其额定电压、额定电流和整定电流范围三个参数，其他参数只有在特殊要求时才考虑。

（1）额定电压是指热继电器触点长期正常工作所能承受的最高电压。

（2）额定电流是指热继电器允许装入热元件的最大额定电流，根据电动机的额定电流选择热继电器的规格，一般应使用热继电器的额定电流略大于电动机的额定电流。

（3）整定电流是指长期通过热元件而热继电器不动作的最大电流。一般情况下，热元件的整定电流为电动机额定电流的 0.95~1.05 倍；若电动机拖动的是冲击性负载或起动时间较长

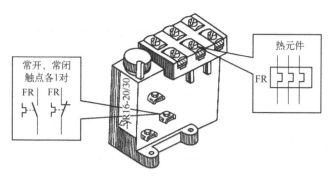

图 1-37 热继电器的外形结构符号

及拖动设备不允许停电的场合,热继电器的整定电流值可取电动机额定电流的 1.1～1.5 倍,若电动机的过载能力较差,热继电器的整定电流可取电动机额定电流的 0.6～0.8 倍。

（4）当热继电器所保护的电动机绕组是Y形接法时,可选用两相结构或三相结构的热继电器;当电动机绕组是△接法时,必须采用三相结构带断相保护的热继电器。

2. 热继电器的常见故障及处理方法

热继电器的常见故障及处理方法见表 1-12。

表 1-12 热继电器的常见故障及处理方法

故障现象	可能原因	处理方法
热元件烧断	负载侧短路,电流过大	排除故障、更换热继电器
	操作频率过高	更换合适参数的热继电器
热继电器不动作	热继电器的额定电流值选用不合适	按保护容量合理选用
	整定值偏大	合理调整整定值
	动作触点接触不良	消除触点接触不良因素
	热元件烧断或脱焊	更换热继电器
	动作机构卡阻	消除卡阻因素
	导板脱出	重新放入导板并调试
热继电器动作不稳定,时快时慢	热继电器内部机构某些部件松动	将这些部件加以紧固
	在检查中弯折了双金属片	用两倍电流预试几次或将双金属片拆下来进行热处理以除去内应力
	通电电流波动太大或接线螺钉松动	检查电源电压或拧紧接线螺钉
热继电器动作太快	整定值偏小	合理调整整定值
	电动机起动时间过长	按起动时间要求选择具有合适的可返回时间的热继电器
	连接导线太细	选用标准导线
	操作频率过高	更换合适的型号
	使用场合有强烈冲击和振动	采取防振动措施
	可逆转频繁	改用其他保护方式
	安装热继电器与电动机环境温差太大	按两低温差情况配置适当的热继电器

（续）

故障现象	可能原因	处理方法
主电路不通	热元件烧断	更换热元件或热继电器
	接线螺钉松动或脱落	紧固接线螺钉
控制电路不通	触点烧坏或动触点片弹性消失	更换触点或弹簧
	可调整式旋钮旋到不合适的位置	调整旋钮或螺钉
	热继电器动作后未复位	按动复位按钮

3. 热继电器的安装

（1）必须按照产品说明书中规定的方式安装，安装处的环境温度应与所处环境温度基本相同。当与其他电器安装在一起时，应注意将热继电器安装在其他电器的下方，以免其动作特性受到其他电器发热的影响。

（2）热继电器安装时，应清除触点表面尘污，以免因接触电阻过大或电路不通而影响热继电器的动作性能。

（3）热继电器出线端的连接导线应按照标准选用。导线过细、轴向导热性差，热继电器可能提前动作；反之，导线过粗、轴向导热过快，继电器可能滞后动作。

（4）使用中的热继电器应定期通电校验。

（5）热继电器在使用中应定期用布擦净尘埃和污垢，若发现双金属片上有锈斑，应用清洁棉布蘸汽油轻轻擦除，切忌用砂纸打磨。

（6）热继电器在出厂时均调整为手动复位方式，如果需要自动复位，只要将复位螺钉顺时针方向旋转3~4圈，并稍微拧紧即可。

1.4.4 任务考评

根据班级人数先分组，然后进行任务实施，实施过程中的考评细节参见表1-13。

表1-13 任务考评

项目	评价指标	自评	互评	自评、互评平均分	总分
工作任务（40分）	热继电器原理分析（10分）				
	热继电器选用是否正确（10分）				
	热继电器安装正确性（10分）				
	热继电器检测与维护是否正确（10分）				
职业素养（15分）	工作服整洁、无饰品或硬质件（5分）				
	正确查阅维修资料和学习材料（5分）				
	8S素养（5分）				
个人思考和总结（5分）	按照完成任务的安全、质量、时间和8S要求，提出个人改进性建议				
教师评价（40分）		教师评分			

> **思考：**
>
> （1）如何选用热继电器？安装时应注意哪些事项？
>
> （2）热继电器常见故障及检修方法有哪些？

1.4.5 课后习题

1. 热继电器在电路中主要作用有哪些？

2. 电动机起动时电流很大，为什么热继电器不会动作？

3. 时间继电器的延时方式有哪几种？

任务1.5 主令电器的选用与检修

知识目标：了解主令电器的基本结构、分类及选用方法。

技能目标：掌握主令电器的安装及检修方法。

素养目标：培养学生养成自觉遵守安全及技能操作规程和认真负责、精心操作的工作习惯，以及团队合作意识。

重点和难点：主令电器的选用、安装调试及故障的排除。

解决方法：教师指导、实例演示、小组讨论、分组操作。

建议学时：2学时。

1.5.1 任务分析

主令电器用于在控制电路中以开关接点的通断形式来发布控制命令，使控制电路执行对应的控制任务。主令电器应用广泛，种类繁多，常见的有按钮、行程开关、接近开关、万能转换开关、主令控制器、选择开关、足踏开关等，部分主令电器外形如图1-38所示。

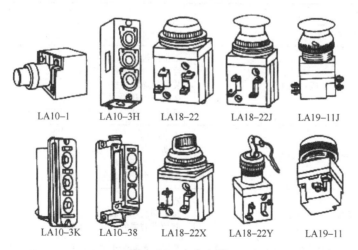

LA10-1　LA10-3H　LA18-22　LA18-22J　LA19-11J

LA10-3K　LA10-38　LA18-22X　LA18-22Y　LA19-11

图1-38 主令电器

1.5.2 相关知识——按钮、行程开关

1. 按钮

按钮俗称控制按钮或按钮开关。

按钮在电路中发出起动或者停止指令，是一种短时间接通或断开小电流电路的手动控制器，常控制点起动器、接触器、继电器等电器线圈电流的接通或断开。

按钮外形结构与符号如图1-39所示。

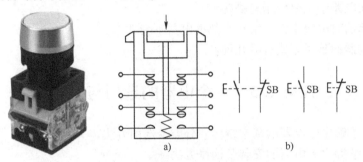

图1-39 按钮外形结构与图形符号

a）示意图 b）图形符号

按钮型号及含义表示如图1-40所示。

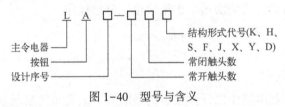

图1-40 型号与含义

按钮的颜色含义见表1-14。

表1-14 颜色含义

颜 色	含 义	举 例
红		处理事故	紧急停机
	"停止"或"断电"	正常停机 停止一台或多台电动机 装置的局部停机 切断一个开关 带有"停止"或"断电"功能的复位
绿	"起动"或"通电"	正常起动 起动一台或多台电动机 装置的局部起动 接通一个开关装置（投入运行）
黄	参与	防止意外情况 参予抑制反常的状态 避免不需要的变化（事故）
蓝	上述颜色未包含的任何指定用意	凡红、黄和绿色未包含的用意，皆可用蓝色
黑、灰、白	无特定用意	除单功能的"停止"或"断电"按钮外的任何功能

按钮分类：从外形和操作方式上可以分为平钮和急停按钮等，急停按钮也叫蘑菇头按钮，另外还有钥匙式、旋钮式等多种类型。

按钮使用选择：

（1）根据使用场合，选择控制按钮的种类，如开启式、防水式、防腐式等。

（2）根据用途，选用合适的型式，如钥匙式、紧急式、带灯式等。

（3）按控制回路的需要，确定不同的按钮数，如单钮、双钮、三钮、多钮等。

（4）按工作状态指示和工作情况的要求，选择按钮及指示灯的颜色。

2. 行程开关

行程开关俗称限位开关。它是一种实现行程控制的小电流（5A 以下）的主令电器。

行程开关是利用机械运动部件的碰撞使其触点动作，通过触点的开合控制其他电器进而控制运动部件的行程，或运动一定行程使其停止，或在一定行程内自动返回或自动循环，从而达到控制部件的行程、运动方向或实现限位保护的功能。

行程开关外形结构与图形符号如图 1-41 所示。

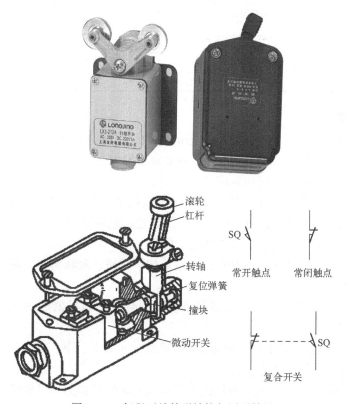

图 1-41 行程开关外形结构与图形符号

行程开关分类：按运动形式可分为直动式、微动式、转动式等；按触点的性质可分为有触点式和无触点式。

行程开关型号及含义表示如图 1-42 所示。

行程开关使用选择：主要根据控制使用环境和需要来选定。

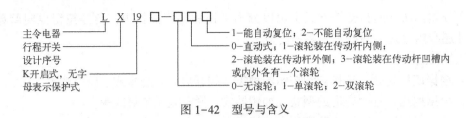

图 1-42 型号与含义

1.5.3 任务实施

需准备的元器件和工具清单见表 1-15。

表 1-15 元器件和工具清单

序号	元器件和工具	型号与规格	数量	单位	备注
1	常用电工工具	验电笔、螺钉旋具（一字和十字）、电工刀、尖嘴钳、钢丝钳、压线钳等	1	套	
2	万用表	MF47、DT9502 或自定	1	块	
3	按钮	LA4-3H	3	只	FU1
4	配线板	木质配线板 600 mm×500 mm×20 mm	1	块	

1. 按钮的选择

（1）根据使用场合和具体用途选择按钮的种类。例如：嵌装在操作面板上的按钮可选用开启式；需显示工作状态的选用光标式；在非常重要处，为防止无关人员误操作宜用钥匙操作式；在有腐蚀性气体处要用防腐式。

（2）根据工作状态指示和工作情况要求选择按钮或指示灯的颜色。例如：启动按钮可选用白、灰或黑色，优先选用白色，也允许选用绿色；急停按钮应选用红色；停止按钮可选用黑、灰或白色，优先用黑色，也允许选用红色。

（3）根据控制回路的需要选择按钮的数量。如单联钮、双联钮和三联钮等。

2. 按钮的安装与使用

（1）按钮安装在面板上时，应布置整齐，排列合理，如根据电动机起动的先后顺序，从上到下或从左到右排列。

（2）同一机床运动部件有几种不同的工作状态时（如上、下、前、后、松、紧等），应使每一对相反状态的按钮安装在一组。

（3）按钮的安装应牢固，安装按钮的金属板或金属按钮盒必须可靠接地。

（4）由于按钮的触点间距较小，如有油污等极易发生短路故障，所以应注意保持触点间的清洁。

（5）光标按钮一般不宜用于需长期通电显示处，以免塑料外壳过度受热而变形，使更换灯泡困难。

3. 按钮的常见故障及处理方法

按钮的常见故障及处理方法见表 1-16。

表 1-16　按钮的常见故障及处理方法

故障现象	可能原因	处理方法
触点接触不良	触点烧损	修整触点或更换产品
	触点表面有尘垢	清洁触点表面
	触点弹簧失效	重绕弹簧或更换产品
触点间短路	塑料受热变形，导致接线螺钉相碰短路	更换产品，并查明发热原因，如灯泡发热所致，可降低电压
	杂物或油污在触点间形成通路	清洁按钮内部

1.5.4　任务考评

根据班级人数先分组，然后进行任务实施，实施过程中的考评细节参见表 1-17。

表 1-17　任务考评

项目	评价指标	自评	互评	自评、互评平均分	总分
工作任务（40分）	按钮原理分析（10分）				
	按钮选用是否正确（10分）				
	按钮安装正确性（10分）				
	按钮检测与维护是否正确（10分）				
职业素养（15分）	工作服整洁、无饰品或硬质件（5分）				
	正确查阅维修资料和学习材料（5分）				
	8S素养（5分）				
个人思考和总结（5分）	按照完成任务的安全、质量、时间和8S要求，提出个人改进性建议				
教师评价（40分）		教师评分			

💭 思考：

（1）如何选用主令电器？

（2）主令电器常见故障及检修方法有哪些？

1.5.5　课后习题

1. 主令电器的结构和工作原理是什么？

2. 如何用万用表区分按钮的常开和常闭？

3. 如何用万用表测试按钮的好坏？

→项目②←

电动机直接控制电路

任务 2.1 点动控制电路的安装与调试

知识目标：识记接触器、按钮、低压断路器的图形符号和文字符号，会分析点动控制电路原理，懂得点动控制电路的安装知识。

技能目标：掌握点动控制电路的安装、调试及故障的排除。

素养目标：培养学生养成自觉遵守安全及技能操作规程和认真负责、精心操作的工作习惯，以及团队合作意识。

重点和难点：点动控制电路的安装、调试及故障的排除。

解决方法：教师指导、实例演示、小组讨论、分组操作。

建议学时：4学时。

2.1.1 任务分析

桥梁施工、高层建筑施工、船舶、码头上有很多大起重器，这些起重器以及机械设备的安装和移动都运用到点动控制，操作人员在快速移动车床刀架时，只要按下按钮，刀架就快速移动；松开按钮，刀架立即停止移动，如图2-1所示。

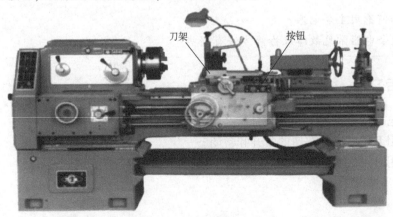

图 2-1 典型点动控制设备

点动控制电路是最基本的电气控制电路之一，按下按钮，电动机通电运转；松开按钮，电动机失电停下来。它是电动机运行时间较短的一种控制电路，广泛应用于设备试车、起吊重物和机床设备调整等场合。完成该任务首先要熟悉交流接触器、按钮等低压电器，能识别它们的结构特征、记住它们的符号和图形符号，熟悉其动作原理和常用型号，才能分析点动控制电路的工作原理，才能完成安装、调试以及故障的排除。

2.1.2 相关知识——电动机和点动控制电路

1. 交流电动机

电动机（英文：Electric machinery，俗称"马达"）是指依据电磁感应定律实现电能转换或传递的一种电磁装置。电动机的分类如下。

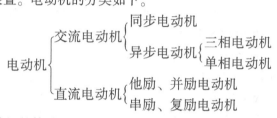

（1）三相异步电动机的构造

三相异步电动机构造如图2-2所示，包括定子和转子两部分，定子由铁心、定子绕组及机座组成。铁心由硅钢片叠压而成，定子绕组是电动机的电路部分，是对称的三相绕组，其作用是产生旋转磁场，机座用来固定和支撑定子铁心。转子由铁心、绕组和转轴组成。转子有笼型和绕线式，笼型铁心槽内放铜条，端部用短路环形成一体，外形像笼子。如图2-3所示。绕线式分为三相，接成星形，尾端接在一起，首端分别接在转轴上的三个铜制集电环上，通过电刷与外电路的可变电阻器连接，如图2-4所示，主要用于对起动或调速要求高的场合。由于笼型异步电动机具有一系列的优点，应用广泛。

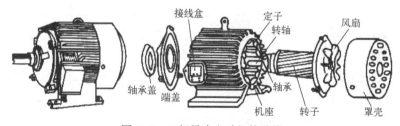

图2-2 三相异步电动机构造图

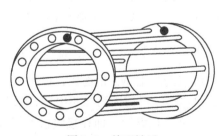

图2-3 笼型转子

图2-4 绕线式转子

（2）三相异步电动机的工作原理

三相交流电源接通三相定子绕组，定子绕组产生三相对称电流→三相对称电流在电动机内部建立旋转磁场→旋转磁场与转子绕组产生相对运动→转子绕组中产生感应电流→转子绕组（感应电流）在磁场中受到电磁力的作用→在电磁力作用下，转子逆时针方向开始旋转，转速为 n。

由此可知，异步电动机是通过载流的转子绕组在磁场中受力而使电动机旋转的，而转子绕组中的电流由电磁感应产生，并非外部输入，故异步电动机又称感应电动机。

旋转磁场的转速（同步转速）与转子（电动机）的转速之差称为转差，转差与旋转磁场的转速之比称为转差率，用 s 表示，即 $s=\dfrac{n_0-n}{n_0}$，s 是一个没有单位的数，它的大小也能反映电动机转子的转速。正常运行的异步电动机，转差率 s 很小，一般 $s=0.015\sim0.06$。

2. 三相交流异步电动机的接线方式

三相电动机的三相定子绕组每相绕组都有两个引出线头。一头叫首端，另一头叫末端。第一相绕组首端用 U1 表示，末端用 U2 表示；第二相绕组首端用 V1 表示，末端用 V2 表示；第三相绕组首末端分别用 W1 和 W2 来表示。这六个引出线头引入接线盒的接线柱上，接线柱相应地标出 U1、U2、V1、V2、W1、W2 的标记，如图 2-5 所示。三相定子绕组的六个端头可将三相定子绕组接成星形或三角形。一台电动机是接成星形还是接成三角形，应视厂家规定而进行，可以从电动机铭牌上查到。三相定子绕组的首末端是生产厂家事先设定好的，绝不可任意颠倒，但可将三相绕组的首末端一起颠倒，例如将三相绕组的末端 U2、V2、W2 倒过来作为首端，而将 U1、V1、W1 作为末端，但绝不可单独将一相绕组的首末端颠倒，否则将产生接线错误。如果接线盒中发生接线错误，或者绕组首末端弄错，轻则电动机不能正常起动，长时间通电造成起动电流过大，电动机发热严重，影响寿命，重则烧毁电动机绕组，或造成电源短路。

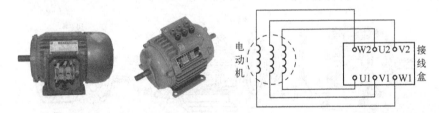

图 2-5　三相交流异步电动机

（1）星形接法

星形接法是将三相绕组的末端并联起来，即将 U2、V2、W2 三个接线柱用铜片连接在一起，而将三相绕组首端分别接入三相交流电源，即将 U1、V1、W1 分别接入 L1、L2、L3 相电源，如图 2-6 所示。

（2）三角形接法

三角形接法是将第一相绕组的首端 U1 与第三相绕组的末端 W2 相连接，再接入一相电源；第二相绕组的首端 V1 与第一相绕组的末端 U2 相连接，再接入第二相电源；第三相绕组的首端 W1 与第二相绕组的末端 V2 相连接，再接入第三相电源。即在接线板上将接线柱 U1 和 W2、V1 和 U2、W1 和 V2 分别用铜片连接起来，再分别接入三相电源，如图 2-7 所示。

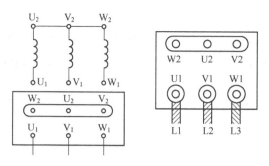

图 2-6　星形接法

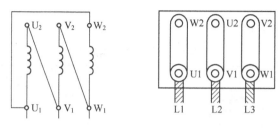

图 2-7　三角形接法

3. 点动控制电路原理图识读

图 2-8 所示是按照电路原理图绘制的一般规定绘制的，三相交流电源线 L1、L2、L3 依次水平画在图的上方，电源开关水平画出。由熔断器 FU1、接触器 KM 的三对主触点和电动机组成的主电路，垂直电源线画在图的左侧。由启动按钮 SB、接触器 KM 的线圈组成的控制电路跨接在 L1 和 L2 两条电源线之间，垂直画在主电路的右侧，且能耗元件 KM 的线圈应画在电路的下方，为表示同一电器，在图形符号旁边标注了相同的文字符号 KM。电路按规定在各接点处进行标号，主电路用 U、V、W 和数字表示，如 U11、V11、W11；控制电路用阿拉伯数字表示，编号原则上是从左到右、从上到下数字递增。

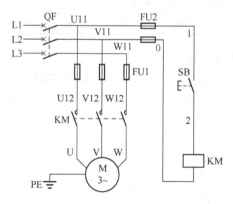

图 2-8　点动原理图

图 2-8 中，用按钮、接触器来控制电动机运转属于点动控制。点动控制是指按下按钮，电动机就得电运转；松开按钮，电动机就失电停转。这种控制方法常用于电动葫芦的起重电动机升降和车床拖板箱快速移动电动机控制。短路、过载保护有 FU1、FU2 以及 QF，欠压、失压保护有 KM。

具体控制过程如下：

起动：按下 SB→KM 线圈得电→KM 主触点闭合→电动机 M 连续运转。

停止：松开 SB→KM 线圈失电→KM 主触点分断→电动机 M 惯性停止。

注意：

（1）点动控制一般不用来连续运行操作，主要用来实现对生产设备的手动调整、检修处理等。

（2）点动控制的运行电动机不需要热继电器的保护。

2.1.3　任务实施

需准备的元器件和工具清单见表 2-1。

表 2-1　元器件和工具清单

序号	元器件和工具	型号与规格	数量	单位	备注
1	常用电工工具	验电笔、螺钉旋具（一字和十字）、电工刀、尖嘴钳、钢丝钳、压线钳等	1	套	
2	万用表	MF47、DT9502 或自定	1	块	
3	交流接触器	CJ20-10	1	个	KM
4	常开按钮	LA4-3H	1	组	SB
5	主电路熔断器	RL1-15/15 15A 熔断器配 15A 熔体	3	只	FU1
6	控制电路熔断器	RL1-15/4 15A 熔断器配 4A 熔体	2	只	FU2
7	三相异步电动机	Y 系列 80-4 或自定	1	台	M
8	接线端子	JD0-1015	8	条	XT
9	主电路导线	BVR-1.5 mm^2	若干	米	
10	控制电路导线	BVR-1 mm^2、BVR-0.75mm^2	若干	米	
11	接地线	BVR-1.5 mm^2（黄绿双色）	若干	米	
12	配线板	木质配线板 600 mm×500 mm×20 mm	1	块	

1. 点动控制电路元器件布置图的识读

电器元件布置图是用来表明电气原理图中各元器件的实际安装位置，可视电气控制系统复杂程度采取集中绘制或单独绘制。图 2-9 所示为本任务对应的点动控制电路元器件布置图。

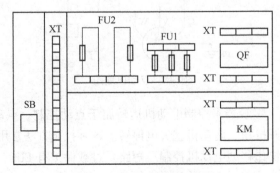

图 2-9　电路元器件布置图

2. 点动控制电路接线图的识读

安装接线图主要用于电器的安装接线、电路检查、电路维修和故障处理，通常接线图与电气原理图和元器件布置图一起使用。

电气接线图的绘制原则是：各电器元件均按实际安装位置绘出，元器件所占图面按实际尺寸以统一比例绘制；一个元器件中所有的带电部件均画在一起，并用点画线框起来，即采用集中表示法；各元器件的图形符号和文字符号必须与电气原理图一致，并符合国家标准；各元器件上凡是需接线的部件端子都应绘出，并予以编号，各接线端子的编号必须与电气原理图上的导线编号相一致；绘制安装接线图时，走向相同的相邻导线可以绘成一股线。本任务对应的电路接线图如图 2-10 所示。

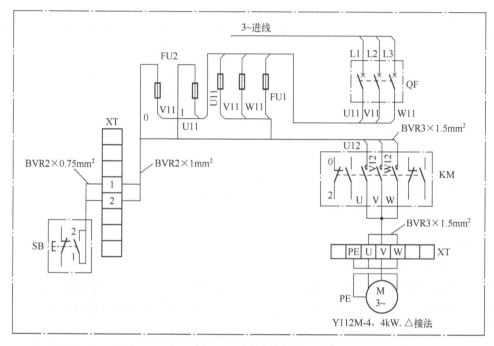

图 2-10 电路接线图

3. 安装接线工艺要求

电气控制电路安装接线一般顺序：先根据原理图绘制电器布置图和安装接线图，列出元件明细表，采购检验电器元件，再根据电器布置图在配线板上安装固定电器元件，然后根据安装接线图再配线，最后检验试车。接线时一般先接控制电路，再接主电路。作为一名维修电工，通过操作训练，最后要达到能够直接根据原理图进行熟练地安装接线的水平。

交流接触器的安装工艺要求：

（1）交流接触器应安装于垂直于地面的平面上，倾斜度不应大于5°。

（2）接触器上的散热孔应上下布置，接触器之间应留有适当的空间以利于散热。

（3）远离冲击和振动的地方。

（4）安装和接线时，注意不要将零件失落或掉入接触器内部。安装孔的螺钉应装有弹簧垫圈和平垫圈，并拧紧螺钉以防振动松脱。

（5）安装完毕检查接线正确无误后，在主触点不带电的情况下操作几次，然后测量接触器的动作值和释放值，所测数值应符合产品的规定要求。

按钮安装的工艺要求：

（1）无需固定在配线板上，按钮接线和电源、电动机配线一样，要通过端子排进出配线板。

（2）进出按钮接线桩的导线采用的接线端子要有端子标号，便于检修。

（3）如果按钮的外壳是金属，则外壳应可靠接地。

接线端子排安装的安装工艺要求：

（1）在面板上，应排列、整齐合理，布置于控制板或控制柜边缘。

（2）接线端子排的安装应牢固，其金属外壳部分应可靠接地。

布线工艺要求：

（1）布线通道尽可能少，同时并行导线按主、控电路分类集中，单层密排，紧贴安装面线布线。

（2）同一平面的导线应高低一致或前后一致，不能交叉，非交叉不可时，导线应在接线端子处引出。

（3）布线要遵守横平竖直，分布均匀的原则。

（4）布线时严禁损伤线芯和导线绝缘。

（5）布线顺序一般以接触器为中心，由里向外、由低至高，以不妨碍后续布线为原则。

（6）导线与接线端子或接线桩连接时，不得压绝缘层，不得反圈，不得露铜过长。

（7）同一元器件，同一回路的不同节点的导线间距应保持一致。

（8）一个电器元件接线端子的连接导线不得多于两根，每节接线端子板上连接导线一般只允许连接一根。

RL系列熔断器安装工艺要求：

（1）熔断器的进出线接线桩应垂直布置，螺旋式熔断器电源进线应接在瓷底座的下接线桩上，负载侧出线应接在螺纹壳的上接线桩上。这样在更换熔体时，旋出螺帽后螺纹壳上不带电，可以保证操作者的安全。

（2）熔断器要安装合格的熔体，不能用多根小规格熔体并联代替一根大规格熔体。

（3）安装熔断器时，上下各级熔体应相互配合，做到下一级熔体规格小于上一级熔体规格。

（4）更换熔体或熔管时，必须切断电源，尤其不允许带负载操作。

（5）若熔断器兼作隔离器件使用时，应安装在控制开关的电源进线端；若仅作短路保护用，应装在控制开关的出线端。

其他安装工艺要求：

（1）电动机使用的电源电压和绕组的接法必须与铭牌上规定的一致。

（2）安装低压断路器时，在电源进线侧加装熔断器，要求低压断路器安装应正装，不能倒装，向上合闸为接通电路。

4. 通电运行前的检查

安装完毕后的控制电路板，必须经过认真检测后才允许通电试车。

（1）检查所用的电器元件的外观应完整无损，附件、备件齐全。

（2）用手同时按下接触器的三个主触点，注意要用力均匀。检验操作机构是否灵活、有无衔铁卡阻现象。

（3）检查接触器线圈额定电压与电源是否相符。

（4）检查导线连接的正确性，按电路图或接线图从电源端开始，逐段核对接线端子处线号是否正确，有无漏接、错接之处。检查导线接点是否符合要求，压接是否牢固。

（5）使用电工仪表进行检查，将万用表转换开关打到电阻 R×1k 或 R×100 档，并进行欧姆调零，首先测量同型号未安装使用和接线的接触器线圈电阻，并记录其电阻值，目的是能根据控制电路图进行分析和判断读数的正确性。如果测量结果与正确值不符，应根据电路图和接线图检查是否有错误接线。

5. 通电调试

为保证人身安全，在通电试车时，要认真执行安全操作规程的有关规定，一人监护，一人操作。试车前，应检查与通电试车有关的电气设备是否有不安全的因素存在，若查出应该立即整改，然后方能试车。

（1）通电试车前，由指导教师接通三相电源 L1、L2、L3，并且要在现场监护。

（2）当按下点动按钮时，观察接触器动作情况是否正常，是否符合电路功能要求，电器元件的动作是否灵活，有无卡阻及噪声过大等现象，电动机运行情况是否正常等。

（3）通电试车完毕，停转，切断电源。先拆除三相电源线，再拆除电动机。如有故障，应该立即切断电源，要求学生独立分析原因，检查电路，直至达到项目拟定的要求。若需要带电检查时，必须在教师现场监护下进行。

（4）试车成功后拆除电路与元器件，清理工位，归还器材。

2.1.4 任务考评

根据班级人数先分组，然后进行任务实施，实施过程中的考评细节参见表 2-2。

表 2-2 任务考评

项目	评价指标	自评	互评	自评、互评平均分	总分
工作任务 （40分）	点动控制电路原理分析（5分）				
	导线是否有交叉（5分）				
	布局是否合理（5分）				
	控制电路连接正确性（15分）				
	通电是否成功（10分）				
职业素养 （15分）	工作服整洁、无饰品或硬质件（5分）				
	正确查阅维修资料和学习材料（5分）				
	8S 素养（5分）				
个人思考 和总结 （5分）	按照完成任务的安全、质量、时间和 8S 要求，提出个人改进性建议				
教师评价 （40分）		教师评分			

思考:

(1) 任课老师根据检查情况, 总结出完成任务过程中时常会遇到的问题, 并讲解如何预防这些问题的发生。

(2) 怎样完成电动机的连续运行控制电路?

2.1.5　课后习题

1. 为什么点动控制电路不需要热继电器的保护?

2. 按下启动按钮后接触器的线圈不得电, 其原因是什么?

3. 按下启动按钮后接触器的线圈得电, 电动机不转动的原因是什么?

4. U、V、W 任意两相的电压是多少? U、V、W 和 N 相间的电压是多少?

5. 设计电动机连续运行的控制电路。

任务 2.2　长动连续控制电路的安装与调试

知识目标: 识记接触器、按钮、低压断路器的图形符号和文字符号, 知道自锁的含义, 会分析长动控制电路原理, 懂得长动控制电路的安装知识。

技能目标: 掌握长动控制电路的安装、调试及故障的排除。

素养目标: 培养学生养成自觉遵守安全及技能操作规程和认真负责、精心操作的工作习惯, 以及团队合作意识。

重点和难点: 长动控制电路的安装、调试及故障的排除。

解决方法: 教师指导、实例演示、小组讨论、分组操作。

建议学时: 2 学时。

2.2.1　任务分析

三相异步电动机的连续运行控制在生产中应用很广泛, 其维修技能是维修电工必须掌握的基础知识和基本技能。连续控制电路具有使用电器少、接线简单、操作方便等特点, 主要应用于三相排风扇、砂轮机等机械设备, 如图 2-11 所示。

图 2-11　典型长动控制设备—CA6140 型机床

完成该任务首先要熟悉热继电器、接触器等常用低压电器，能记住它们的图形符号与文字符号，熟悉它们的功能、基本结构、工作原理及型号含义，知道自锁的含义，懂得连续运行控制电路原理图、位置布置图和安装接线图，并能正确安装，通电试车时，要明确通电操作程序，特别是安全文明操作。

2.2.2 相关知识——长动控制电路

1. 长动控制电路原理图识读

长动控制电路是一种既能实现短路保护，又能实现过载保护的控制电路。如图2-12所示，增加了保护元件热继电器FR，这是因为电动机在运行过程中，如果长期负载过大、频繁起动或者断相运行都可能使电动机定子绕组的电流增大，超过其额定值，而在这种情况下熔断器往往不熔断，从而引起定子绕组过热，使温度超过允许值，就会造成绝缘损坏，从而导致缩短电动机寿命，严重时会烧毁电动机的定子绕组，因此在电动机控制电路中，必须采取过载保护措施。

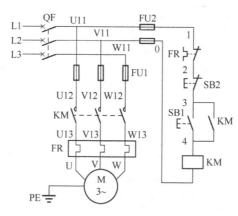

图 2-12 长动原理图

2. 长动控制电路工作原理分析

长动控制电路实际上就是利用接触器自锁功能而实现的。该电路与点动控制电路的区别就是当松开起动控制按钮时，电动机控制电路仍然处于接通状态，电动机实现连续运行状态。

具体控制过程如下：

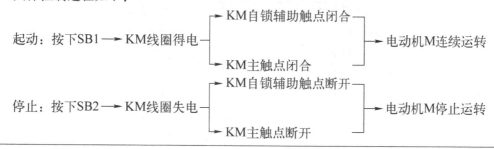

 思考：

长动控制电路为什么能连续的运行，与点动有什么区别？

注意：

（1）自锁：利用电器自己的触点使自己的线圈得电从而保持长期工作的电路环节称为自锁环节，这种触点叫自锁触点。

（2）长动控制电路具有过载保护、短路保护、零压保护的作用。

2.2.3　任务实施

需准备的元器件和工具清单见表2-3。

表2-3　元器件和工具清单

序号	元器件和工具	型号与规格	数量	单位	备注
1	常用电工工具	验电笔、螺钉旋具（一字和十字）、电工刀、尖嘴钳、钢丝钳、压线钳等	1	套	
2	万用表	MF47、DT9502或自定	1	块	
3	交流接触器	CJ20-10	1	个	KM
4	常开按钮	LA4-3H	2	组	SB1、SB2
5	主电路熔断器	RL1-15/15 15A熔断器配15A熔体	3	只	FU1
6	控制电路熔断器	RL1-15/4 15A熔断器配4A熔体	2	只	FU2
7	三相异步电动机	Y系列80-4或自定	1	台	M
8	接线端子	JD0-1015	7	条	XT
9	热继电器	JR20-10L	1	个	FR
10	主电路导线	BVR-1.5 mm^2	若干	米	
11	控制电路导线	BVR-1 mm^2、BVR-0.75 mm^2	若干	米	
12	接地线	BVR-1.5 mm^2（黄绿双色）	若干	米	
13	配线板	木质配线板 600 mm×500 mm×20 mm	1	块	

1. 长动连续控制电路元器件布置图的识读

长动连续控制电路元器件布置图，如图2-13所示。

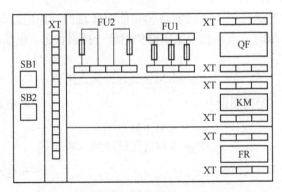

图2-13　长动连续控制电路元器件布置图

2. 长动连续控制电路接线图的识读

长动连续控制电路接线图，如图2-14所示。

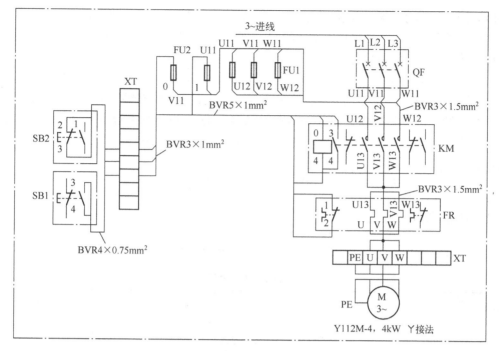

图 2-14　长动连续控制电路接线图

3. 安装接线工艺要求

热继电器的安装工艺要求：

（1）热继电器的热元件应串接在主电路中，常闭触点应串接在控制电路中。

（2）热继电器的整定电流应按电动机的额定电流自行调整，绝对不允许弯折双金属片。

（3）在一般情况下，热继电器应置于手动复位的位置上。若需要自动复位时，可将复位调节螺钉沿顺时针方向向里旋转。

（4）热继电器因电动机过载动作后，若需再次起动电动机，必须待热元件冷却后，才能使热继电器复位。一般自动复位时间不大于 5 min；手动复位时间不大于 2 min。

其他电器安装及接线工艺要求见前面任务 2.1。

4. 通电运行前的检查

安装完毕后的控制电路板，必须经过认真检测后才允许通电试车。

（1）检查导线连接的正确性，按电路图或接线图从电源端开始，逐段核对接线端子处线号是否正确，有无漏接、错接之处。检查导线接点是否符合要求，压接是否牢固。

（2）使用电工仪表进行检查，将万用表转换开关打到电阻 R×1k 或 R×100 档，并进行欧姆调零，首先测量同型号未安装使用和接线的接触器线圈电阻，并记录其电阻值，目的是能根据控制电路图进行分析和判断读数的正确性。如果测量结果与正确值不符，应根据电路图和接线图检查是否有错误接线。

5. 通电调试

为保证人身安全，在通电试车时，要认真执行安全操作规程的有关规定，一人监护，一人操作。试车前，应检查与通电试车有关的电气设备是否有不安全的因素存在，若查出应该立即整改，然后方能试车。

（1）通电试车分无载（不接电动机）试车和有载（接电动机）试车两个环节。先进行无载试车。通电试车前，必须征得教师的同意，并由指导教师接通三相电源 L1、L2、L3，同时在现场监护。学生用验电笔检查工位上是否有电，确认有电后再插上电源插头→合上低压断路器 QF→检验熔断器下桩是否带电→按下启动按钮 SB1 后，注意观察接触器是否吸合，再按下停止按钮，注意观察接触器是否释放（复位），如出现异常情况，应立即切断电源，并仔细记录故障现象，以作为故障分析的依据，并及时进行故障排除，待故障排除后再次通电试车，直到无载试车成功为止。再接上电动机进行有载试车，观察电动机的工作状况。

（2）试车成功后拆除电路与元器件，清理工位，归还器材。

2.2.4 任务考评

根据班级人数先分组，然后进行任务实施，实施过程中的考评细节参见表 2-4。

表 2-4 任务考评

项目	评价指标	自评	互评	自评、互评平均分	总分
工作任务（40分）	长动控制电路原理分析（5分）				
	导线是否有交叉（5分）				
	布局是否合理（5分）				
	控制电路连接正确性（15分）				
	通电是否成功（10分）				
职业素养（15分）	工作服整洁、无饰品或硬质件（5分）				
	正确查阅维修资料和学习材料（5分）				
	8S素养（5分）				
个人思考和总结（5分）	按照完成任务的安全、质量、时间和8S要求，提出个人改进性建议				
教师评价（40分）		教师评分			

思考：

（1）学生根据检查情况，总结出完成任务过程中时常会遇到的问题，并讲解如何预防这些问题的发生。

（2）怎么完成电动机的点动与连续运行控制电路？

2.2.5 课后习题

1. 什么叫作自锁控制？

2. 在电气控制电路中，常用的保护环节有哪些？各种保护的作用是什么？常用什么电器来实现相应的保护要求？

任务 2.3　连续控制与点动控制电路的安装与调试

知识目标：识记接触器、按钮、低压断路器、热继电器的图形符号和文字符号，会分析连续控制与点动控制电路原理，懂得连续控制与点动控制电路的安装知识。

技能目标：掌握连续控制与点动控制电路的安装、调试及故障的排除。

素养目标：培养学生养成自觉遵守安全及技能操作规程和认真负责、精心操作的工作习惯，以及团队合作意识。

重点和难点：连续控制与点动控制电路的安装、调试及故障的排除。

解决方法：教师指导、实例演示、小组讨论、分组操作。

建议学时：2 学时。

2.3.1　任务分析

机床电气设备正常工作时，电动机一般处于连续运行状态，但在试车或调整刀具与加工工件位置时，则需要电动机能实现点动运行，如图 2-15 所示。一般要求连续与点动混合的场合中，会采用什么样的电路呢？完成该任务首先要熟悉低压断路器、热继电器、接触器等常用低压电器，能识记住它们的图形符号与文字符号，熟悉它们的功能、基本结构、工作原理及型号含义，根据控制电路的原理图和安装接线图，完成三相异步电动机连续与点动混合控制电路的安装与调试。

图 2-15　典型设备图

2.3.2　相关知识——连续控制与点动控制电路

1. 连续控制与点动控制电路原理图识读

同时具有连续控制与点动控制电路的工作原理与点动、连续控制电路的工作原理是差不多的，只是在连续运行控制电路的基础之上增添一个复合按钮就可以实现，如图 2-16 所示。

2. 连续控制与点动控制电路工作原理分析

先合上电源开关 QF，具体控制过程如下：

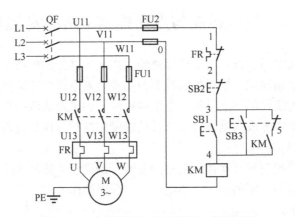

图 2-16 连续控制与点动控制电路原理图

连续运行控制：

起动：按下SB1 → KM线圈得电

- → KM自锁触点闭合
- → KM主触点闭合

→ 电动机M起动连续运转

停止：按下SB2 → KM线圈得电

- → KM自锁触点断开
- → KM主触点断开

→ 电动机M停止运转

点动运行控制：

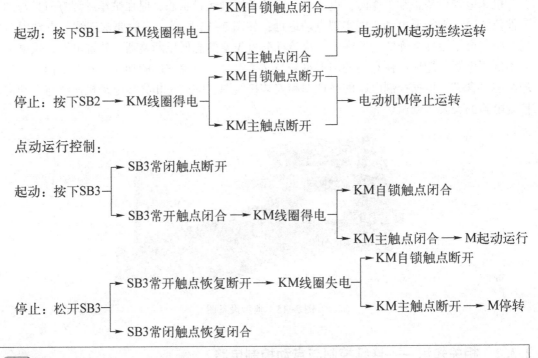

起动：按下SB3

- → SB3常闭触点断开
- → SB3常开触点闭合 → KM线圈得电
  - → KM自锁触点闭合
  - → KM主触点闭合 → M起动运行

停止：松开SB3

- → SB3常开触点恢复断开 → KM线圈失电
  - → KM自锁触点断开
  - → KM主触点断开 → M停转
- → SB3常闭触点恢复闭合

思考：

（1）复合按钮SB3的作用是什么？

（2）按钮SB1、SB3在控制电路中有什么区别？能否缺少一个？

2.3.3 任务实施

需准备的元器件、工具清单见表2-5。

表 2-5 元器件和工具清单

序号	元器件和工具	型号与规格	数量	单位	备 注
1	常用电工工具	验电笔、螺钉旋具（一字和十字）、电工刀、尖嘴钳、钢丝钳、压线钳等	1	套	
2	万用表	MF47、DT9502 或自定	1	块	
3	交流接触器	CJ20-10	1	个	KM
4	按钮	LA4-3H	3	组	SB1、SB2、SB3
5	主电路熔断器	RL1-15/15 15 A 熔断器配 15 A 熔体	3	只	FU1
6	控制电路熔断器	RL1-15/4 15 A 熔断器配 4 A 熔体	2	只	FU2
7	三相异步电动机	Y 系列 80-4 或自定	1	台	M
8	接线端子	JD0-1015	7	条	XT
9	热继电器	JR20-10L	1	个	FR
10	主电路导线	BVR-1.5 mm^2	若干	米	
11	控制电路导线	BVR-1 mm^2、BVR-0.75 mm^2	若干	米	
12	接地线	BVR-1.5 mm^2（黄绿双色）	若干	米	
13	配线板	木质配线板 600 mm×500 mm×20 mm	1	块	

1. 连续控制与点动控制电路元器件布置图的识读

连续控制与点动控制电路元器件布置图，如图 2-17 所示。

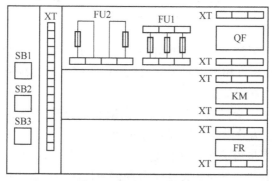

图 2-17 元器件布置图

2. 连续控制与点动控制电路元件接线图的识读

连续控制与点动控制电路接线图，如图 2-18 所示。

3. 安装接线工艺要求

（1）按钮连接线必须用软线，与配线板上的元器件连接时必须通过接线端子，并编号。

（2）安装导线尽可能靠近元器件走线。

（3）变换走向时应垂直成 90°角。

（4）其他电器安装及接线工艺要求同前面任务 2.1 和 2.2。

4. 通电运行前的检查

安装完毕后的控制电路板，必须经过认真检测后才允许通电试车。其检查方法同前面任务 2.1 和 2.2。

5. 通电调试

试车前，应检查与通电试车有关的电气设备是否有不安全的因素存在，若查出应该立即整改，然后方能试车。如出现故障按照下面方法检查：

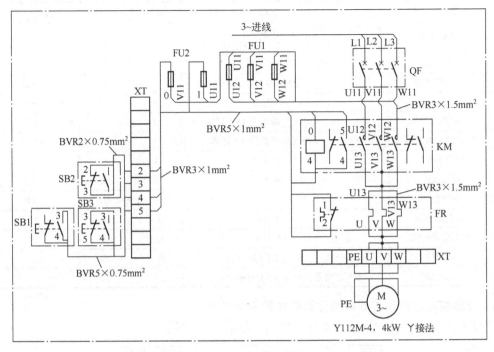

图 2-18　电路接线图

（1）电阻测量法。电阻测量法是切断电源后，用万用表的电阻挡检测的方法。这种方法比较方便和安全，是判断三相笼型异步电动机控制电路故障的常用方法。电阻测量法分为电阻分段测量法和电阻分阶测量法。

（2）交流电压测量法。交流电压测量法是在接通电源时，用万用表的交流电压检测的方法。交流电压测量法分为分阶测量法和分段测量法。

（3）逐步短接法。逐步短接法是在控制电源正常情况下，用一根绝缘良好的导线分别短接测试（连接）点的方法。逐步短接法又分局部短接法和长短线短接法。

试车成功后拆除电路与元器件，清理工位，归还器材。

2.3.4　任务考评

根据班级人数先分组，然后进行任务实施，实施过程中的任务考评细节参见表 2-6。

表 2-6　任务考评

项　　目	评价指标	自　评	互　评	自评、互评平均分	总　　分
工作任务（40分）	连续控制与点动控制电路原理分析（5分）				
	导线是否有交叉（5分）				
	布局是否合理（5分）				
	控制电路连接正确性（15分）				
	通电是否成功（10分）				

（续）

项　　　目	评价指标	自　　评	互　　评	自评、互评平均分	总　　分
职业素养 （15分）	工作服整洁、无饰品或硬质件（5分）				
	正确查阅维修资料和学习材料（5分）				
	8S素养（5分）				
个人思考和总结（5分）	按照完成任务的安全、质量、时间和8S要求，提出个人改进性建议				
教师评价（40分）		教师评分			

思考：

（1）学生根据检查情况，总结出完成任务过程中时常会遇到的问题，并讲解如何预防这些问题的发生。

（2）各低压电器的作用是什么？

2.3.5　课后习题

1. 下列不属于机械设备的电气工程图是（　　）。

A. 电气原理图　　　B. 电器布置图　　　C. 安装接线图　　　D. 电器结构图

2. 在设计机械设备的电气控制工程图时，首先设计的是（　　）。

A. 安装接线图　　　B. 电气原理图　　　C. 电器布置图　　　D. 电气互连图

3. 在电气控制电路中，若对电动机进行过载保护，则选用的低压电器是（　　）。

A. 过电压继电器　　B. 熔断器　　　　　C. 热继电器　　　　D. 时间继电器

4. 分析两地控制电路的工作原理，如图2-19所示。

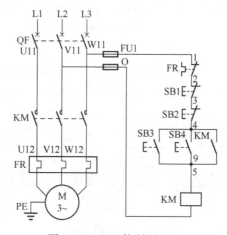

图2-19　两地控制原理图

5. 设计可从两地对一台电动机实现连续运行和点动控制的电路？

→ 项目 ③ ←

电动机正反转控制电路

任务 3.1　双重联锁正反转控制电路的安装与调试

知识目标：知道互锁的含义，会分析接触器正反转控制电路、双重联锁正反转控制电路原理，懂得双重联锁正反转控制电路的安装知识。

技能目标：掌握双重联锁正反转控制电路的安装、调试及故障的排除。

素养目标：培养学生养成自觉遵守安全及技能操作规程和认真负责、精心操作的工作习惯，以及团队合作意识。

重点和难点：双重联锁正反转控制电路的安装、调试及故障的排除。

解决方法：教师指导、实例演示、小组讨论、分组操作。

建议学时：4 学时。

3.1.1　任务分析

电动机单向旋转控制电路只能使电动机向一个方向旋转，带动生产机械的运动部件向一个方向运动。但许多生产机械往往要求运动部件能向正反两个方向运动，如机床工作台的前进与后退、万能铣床主轴的正转与反转、起重机的上升与下降等，电动机正反转控制电路是电动机控制电路中最常见的基本控制电路，典型正反转控制设备如图 3-1 所示。常见的控制电路有顺倒开关正反转控制电路、接触器联锁正反转控制电路、双重联锁控制正反转电路等。

图 3-1　典型正反转控制设备

完成该任务首先要懂得互锁的含义，知道双重联锁正反转控制电路的工作原理，才能完成电路的安装、调试以及故障排除。

3.1.2 相关知识——正反转控制电路

1. 手动控制正反转电路原理分析

手动控制正反转原理图如图 3-2 所示，转换开关 SA 处在"正转"位置，电动机正转；转换开关 SA 处在"反转"位置，电动机的相序改变，电动机反转；转换开关 SA 处在"停止"位置，电源被切断，电动机停车。

电动机处于正转状态时，欲使之反转，必须把手柄扳到"停止"位置，先使电动机停转，然后再把手柄扳至"反转"位置。如直接由"正转"扳至"反转"，因电源突然反接，会产生很大的冲击电流，烧坏转换开关和电动机定子绕组。

优点：所用电器少，控制简单。

缺点：频繁换向时，操作不方便，无欠压，零压保护，只能适合于容量 5.5kW 以下的电动机的控制。

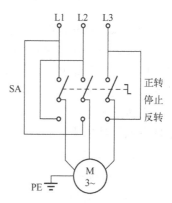

图 3-2 手动控制
正反转原理图

2. 接触器联锁的正反转控制电路原理分析

（1）接触器联锁的正反转控制电路原理图识读

接触器联锁的正反转控制电路特点如下：接触器 KM1 和 KM2 的主触点绝对不允许同时闭合，否则将造成两相电源（L1 和 L3）短路事故。为避免两个接触器 KM1 和 KM2 同时得电动作，就在正、反转控制电路中分别串接了对方接触器的一对常闭辅助触点，这样，当一个接触器得电动作时，通过其常闭辅助触点使另一个接触器不能得电动作，接触器间这种相互制约的作用称为接触器联锁（或互锁）。实现联锁作用的常闭辅助触点称为联琐触点（或互锁触点）。联锁用符号"▽"表示，电路原理图如图 3-3 所示。

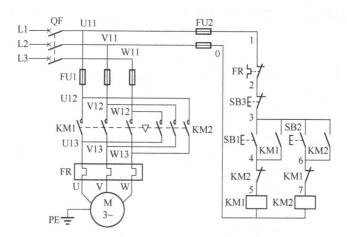

图 3-3 接触器联锁控制正反转控制电路原理图

思考:

(1) 观光电梯的升、降运动是由什么来控制的?

(2) 电动机如何实现正反转?

(2) 接触器联锁的正反转控制电路工作原理分析

正转起动过程:合上电源开关 QF,按下正转启动按钮 SB1,使交流接触器 KM1 线圈得电动作,KM1 辅助常闭触点断开(实现互锁),KM1 辅助常开触点闭合(实现自锁),KM1 动作后主触点闭合,电动机正转。

正转停止过程:按下停止按钮 SB3,切断正转控制电路,使 KM1 接触器线圈断电,KM1 接触器线圈失电释放,切断电动机供电,系统复位达到停车目的。

反转起动过程:按下反转启动按钮 SB3,此时,使反转接触器 KM2 线圈得电动作。KM2 辅助常闭触点断开(实现互锁),KM2 辅助常开触点闭合(实现自锁),KM2 动作后主触点闭合,电动机反转。KM2 动作后,辅助常闭触点断开,切断正转接触器电路,确保 KM2 动作时间 KM1 不误动作。

反转停止过程:按 SB3 停止按钮,KM2 线圈失电,KM2 主触点断开,电动机 M 切断电源停转,制动结束。

思考:

如何设计按钮联锁的正反转控制电路?

3. 双重联锁控制正反转电路原理分析

(1) 双重联锁控制正反转电路原理图识读

如图 3-4 所示双重联锁控制正反转电路是在接触器联锁控制的基础之上,在控制电路中增加了按钮联锁控制,这种互锁关系能保证一个接触器断电释放后,另一个接触器才能通电动作,从而避免因操作失误造成电源相间短路。双重联锁的正反转控制电路是结合了按钮联锁与接触器联锁的优点,具有安全可靠、操作方便。

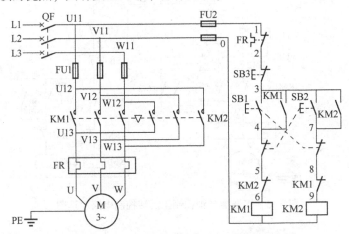

图 3-4 双重联锁控制正反转电路原理图

（2）双重联锁控制正反转电路工作原理分析

正转控制：合上电源开关 QF，按下正转按钮 SB1→接触器 KM1 线圈得电→KM1 主触点闭合→电动机正转，同时 KM1 的自锁触点闭合，SB1 互锁触点断开，KM1 的互锁触点断开。

反转控制：按下反转按钮 SB2→接触器 KM1 线圈失电→KM1 的互锁触点闭合→接触器 KM2 线圈得电→KM2 的自锁触点闭合，SB2 互锁触点断开，KM2 的互锁触点断开。KM2 主触点闭合，电动机开始反转。

停止过程：按 SB3 停止按钮，KM2 线圈失电，KM2 主触点断开，电动机 M 切断电源停转，制动结束。

 思考：

双重联锁控制是怎么组成的？有什么优点？

3.1.3 任务实施

需准备的元器件和工具清单见表 3-1。

表 3-1 元器件和工具清单

序号	元器件和工具	型号与规格	数量	单位	备注
1	常用电工工具	验电笔、螺钉旋具（一字和十字）、电工刀、尖嘴钳、钢丝钳、压线钳等	1	套	
2	万用表	MF47、DT9502 或自定	1	块	
3	交流接触器	CJ20-10	2	个	KM1、KM2
4	按钮	LA4-3H	3	组	SB1、SB2、SB3
5	主电路熔断器	RL1-15/15 15 A 熔断器配 15 A 熔体	3	只	FU1
6	控制电路熔断器	RL1-15/4 15 A 熔断器配 4 A 熔体	2	只	FU2
7	三相异步电动机	Y 系列 80-4 或自定	1	台	M
8	接线端子	JD0-1015	7	条	XT
9	热继电器	JR20-10L	1	个	FR
10	主电路导线	BVR-1.5 mm²	若干	米	
11	控制电路导线	BVR-1 mm²、BVR-0.75 mm²	若干	米	
12	接地线	BVR-1.5 mm²（黄绿双色）	若干	米	
13	配线板	木质配线板 600 mm×500 mm×20 mm	1	块	

1. 双重联锁控制正反转电路元器件布置图的识读

双重联锁控制正反转电路元器件布置图，如图 3-5 所示。

2. 双重联锁控制正反转电路元器件接线图的识读

双重联锁控制正反转电路接线图，如图 3-6 所示。

3. 安装接线工艺要求

（1）绘制并读懂双重互锁正、反转电动机控制电路电路图，给电路元器件编号，明确电路所用元器件及作用。

（2）按表 3-1 所示配置准备所用元器件并检验型号及性能，元器件安装参照前面任务。

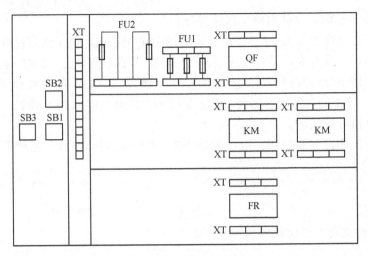

图 3-5　元器件布置图

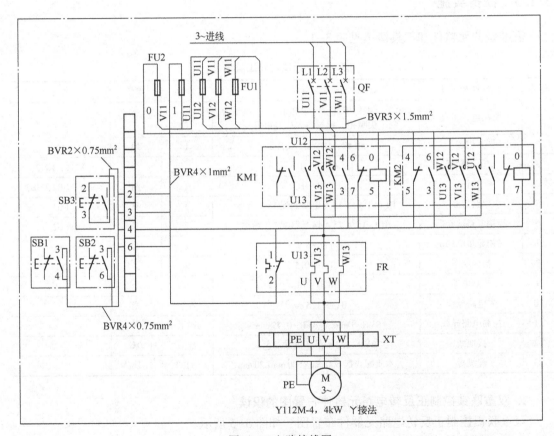

图 3-6　电路接线图

（3）在控制板上按布置图 3-5 所示安装元器件，并标注上醒目的文字符号。

（4）按接线图 3-6 所示进行板前明线布线，板前明线布线的工艺要求参照前面任务。

4. 通电运行前的检查

检测布线，对照接线图检查是否掉线、错线，是否漏编、编错线号，接线是否牢固等。

5. 通电调试

（1）通电试车分无载（不接电动机）试车和有载（接电动机）试车两个环节，先进行无载试车。通电试车前，必须征得教师同意，并由指导教师接通三相电源 L1、L2、L3，同时在现场监护。学生用验电笔检查工位上是否有电，确认有电后再插上电源插头→合上电源开关 QF→检验熔断器下桩是否带电→按下启动按钮 SB1（或 SB2），注意观察 KM1（或 KM2）是否吸合，按下停止按钮 SB3，观察接触器是否复位，如出现异常错误，应立即切断电源，并仔细记录故障现象，以作为故障分析的依据，及时回到工位进行故障与排除，待故障排除后再次通电试车，直到无载试车成功为止。

（2）如出现故障，学生应独立进行检修。若需带点检查时，教师必须在现场监护。检修完毕后，如需要再次试车，教师也应该在现场监护，并做好时间记录。

（3）通电校验完毕，切断电源后，进行验点，确保无电情况下拆除电源连接线。

（4）试车成功后拆除电路与元件，清理工位。

3.1.4 任务考评

根据班级人数先分组，然后进行任务实施，实施过程中的考评细节参见表3-2。

表3-2 任务考评

项　　目	评价指标	自　评	互　评	自评、互评平均分	总　　分
工作任务 （40分）	双重联锁正反转控制电路原理分析（5分）				
	导线是否有交叉（5分）				
	布局是否合理（5分）				
	控制电路连接正确性（15分）				
	通电是否成功（10分）				
职业素养 （15分）	工作服整洁、无饰品或硬质件（5分）				
	正确查阅维修资料和学习材料（5分）				
	8S素养（5分）				
个人思考和总结（5分）	按照完成任务的安全、质量、时间和8S要求，提出个人改进性建议				
教师评价 （40分）		教师评分			

思考：

（1）学生根据检查情况，总结出完成任务过程中时常会遇到的问题，并讲解如何预防这些问题的发生。

（2）设计三相异步电动机自动往返循环控制电路？

3.1.5 课后习题

1. 试画出某机床主电动机控制电路图。要求：（1）可正反转；（2）可正向点动；（3）两处起停。

2. 叙述"自锁""互锁"电路的定义。

3. 机床设备控制电路常用哪些保护措施？

任务 3.2 位置控制电路的安装与调试

知识目标：识记行程开关的图形符号和文字符号，会分析位置控制电路原理，懂得位置控制电路的安装、调试、排除故障的知识。

技能目标：掌握位置控制电路的安装、调试及故障的排除。

素养目标：培养学生养成自觉遵守安全及技能操作规程和认真负责、精心操作的工作习惯，以及团队合作意识。

重点和难点：位置控制电路的安装、调试及故障的排除。

解决方法：教师指导、实例演示、小组讨论、分组操作。

建议学时：2 学时。

3.2.1 任务分析

在生产过程中，一些生产机械的工作台要求在一定行程内自动往返运动，以便实现对工件的连续加工，提高生产效率。如在摇臂钻床、万能铣床、镗床、桥式起重机及各种自动半自动控制的机床中就经常遇到这种控制要求，典型设备如图 3-7 所示。

图 3-7 典型位置控制设备

要完成该任务首先要学习行程开关这个重要的低压电器，能识别它们的结构特征、记住它们的文字符号和图形符号，熟悉动作原理和常用型号，分析位置控制电路的原理图，在明确板前槽板配线的工艺要求的基础上，对这个电路进行安装与调试。

 思考：

车间里的行车，每当走到轨道尽头时，都像长了眼睛一样能自动停下来，而不会朝着墙撞上去，这是为什么呢？

3.2.2 相关知识——位置控制电路

1. 位置控制电路原理图识读

利用生产机械运动部件上的挡铁与行程开关碰撞，使其触点动作，来接通或断开电路，以实现对生产机械运动部件的位置或行程的自动控制，称为位置控制，又称行程控制或限位控制，工作台位置控制如图3-8所示。实现这种控制要求所依靠的主要电器是行程开关，电路原理图如图3-9所示。

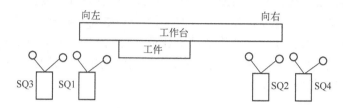

图3-8 工作台位置示意图

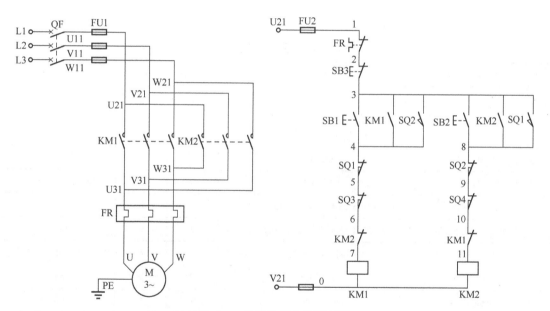

图3-9 位置控制电路原理图

 思考:

如果由于操作者失误（未及时按停止按钮），使行车超越两端的极限位置将发生什么现象？利用什么装置，使行车在到达两端的极限位置时自动停下来呢？

2. 位置控制电路工作原理分析

合上电源开关 QF，按下 SB1，KM1 线圈得电，KM1 常开辅助触点闭合，对 KM1 自锁，常开主触点闭合，电动机正转。同时 KM1 常闭触点断开，对 KM2 联锁，当松开 SB1 时，电动机继续保持正转，挡铁碰 SQ1 时，SQ1 常闭触点断开，KM1 线圈失电，KM1 常开主触点断开，电动机停转，同时 KM1 常开辅助触点断开，解除对 KM1 自锁，KM1 常闭触点恢复闭合，解除对 KM2 联锁，SQ1 常开触点闭合，KM2 线圈得电，KM2 常闭触点断开，对 KM1 联锁，KM2 常开触点闭合，对 KM2 自锁，KM2 常开主触点闭合，电动机反转，工作向右运动，SQ1 复原，工作台继续向右运动，挡铁碰 SQ2，SQ2 常闭触点断开，KM2 线圈失电，KM2 常开主触点断开，电动机停转，KM2 常开触点断开，解除对 KM2 自锁，KM2 常闭触点闭合，解除对 KM1 联锁，挡铁碰 SQ2，SQ2 常开触点闭合，KM1 线圈得电，KM1 常开辅助触点闭合，对 KM1 自锁，KM1 常开主触点闭合，电动机正转，KM1 常闭触点断开，对 KM2 联锁，就这样来回往复运行，只有当按下 SB3 停止按钮时，各开关复位，电动机停转。

在图 3-9 所示的控制电路中增设了另外两个行程开关 SQ3 和 SQ4，在实际的工作台中，分别将这两个行程开关放置在自动切换电动机往返运行的 SQ1 和 SQ2 的外侧，目的就是将 SQ3 和 SQ4 作为终端保护，以防止 SQ1 和 SQ2 在长期的使用中造成磨损而引起失灵。从而引起工作台位置无法限制而发生生产事故。

3.2.3　任务实施

需准备的元器件、工具清单见表 3-3。

表 3-3　元器件和工具清单

序号	元器件和工具	型号与规格	数量	单位	备　注
1	常用电工工具	验电笔、螺钉旋具（一字和十字）、电工刀、尖嘴钳、钢丝钳、压线钳等	1	套	
2	万用表	MF47、DT9502 或自定	1	块	
3	交流接触器	CJ20-10	2	个	KM1、KM2
4	按钮	LA4-3H	3	组	SB1、SB2、SB3
5	主电路熔断器	RL1-15/15 15 A 熔断器配 15 A 熔体	3	只	FU1
6	控制电路熔断器	RL1-15/4 15 A 熔断器配 4 A 熔体	2	只	FU2
7	三相异步电动机	Y 系列 80-4 或自定	1	台	M
8	接线端子	JD0-1015	7	条	XT
9	热继电器	JR20-10L	1	个	FR
10	行程开关	LX19	4	只	SQ1、SQ2、SQ3、SQ4
11	主电路导线	BVR-1.5 mm²	若干	米	
12	控制电路导线	BVR-1 mm²、BVR-0.75 mm²	若干	米	
13	接地线	BVR-1.5 mm²（黄绿双色）	若干	米	
14	配线板	木质配线板 600 mm×500 mm×20 mm	1	块	

1. 位置控制电路布置图的识读

如图 3-10 所示是本电路槽板配线的元器件布置图，由于元器件装在金属轨道上，所以在布置设计时尽可能将相同器件排列在一起，一般最上面是电源开关及熔断器保护，中间是接触器，下面是继电器，考虑到目前元器件都是封闭式，在槽板配线训练中，电源开关我们都采用低压断路器，放在槽板的左上方。SQ1、SQ2 行程开关固定在配线板，但接线时和按钮一样要经过接线端子。

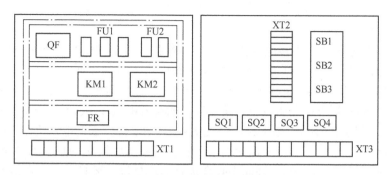

图 3-10　位置控制电路布置图

2. 位置控制电路接线图的识读

位置控制电路接线图如图 3-11 所示。

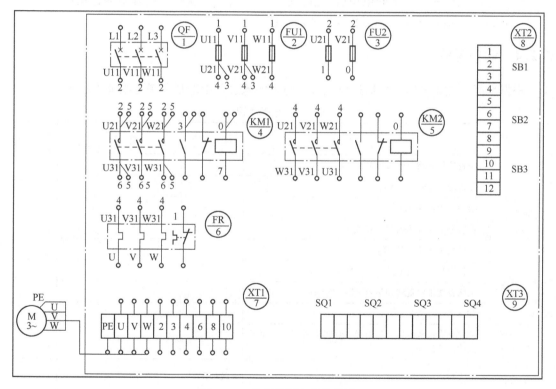

图 3-11　位置控制电路接线图

3. 安装接线工艺要求

（1）行程开关安装时，安装位置要准确，安装要牢固；滚轮的方向不能装反，挡铁与其碰撞的位置应符合控制电路的要求，并确保能可靠碰撞挡铁。

（2）行程开关在使用中，要定期检查和保养，除去油垢及粉尘，清理触点，经常检查其动作是否灵活、可靠，及时排除故障，防止由此产生误动作而导致设备和人身安全事故。

4. 通电运行前的检查

电路安装完毕后，通常要结合原理图或接线图从电源端开始，根据编号逐一检查接线的正确性及接点的安装质量，检查有无漏接、错接之处。

5. 通电调试

（1）通电试车分无载（不接电动机）试车和有载（接电动机）试车两个环节。先进行无载试车，通电试车前，必须征得教师的同意，并由指导教师接通三相电源 L1、L2、L3，同时在现场监护。学生用验电笔检查工位上是否有电，确认有电后再插上电源插头→合上电源开关 QF→检验熔断器下桩是否带电，按 SB1，观察 KM1 应该吸合，表明电动机正转（工作台向前运行），用手代替挡块按压 SQ1 并使 KM1 自动复位，表明电动机则正转停止，KM2 吸合，表明电动机反转（工作台向后运行），用手代替挡块按压 SQ2 并使 KM2 自动复位，表明电动机则正转停止，按 SB3，则原先吸合接触器均复位。无载试车正常情况下，再接上电动机进行有载试车。

（2）如出现故障，学生应独立进行检修。若需带电检查时，教师必须在现场监护。检修完毕后，如需要再次试车，教师也应该在现场监护，并做好时间记录。

（3）通电校验完毕，切断电源后，进行验电，确保无电情况下拆除电源连接线。

（4）试车成功后拆除电路与元件，清理工位。

3.2.4 任务考评

根据班级人数先分组，然后进行任务实施，实施过程中的任务考评细节参见表 3-4。

表 3-4 任务考评

项　　目	评价指标	自　评	互　评	自评、互评平均分	总　　分
工作任务（40分）	位置控制电路原理分析（5分）				
	导线是否有交叉（5分）				
	布局是否合理（5分）				
	控制电路连接正确性（15分）				
	通电是否成功（10分）				
职业素养（15分）	工作服整洁、无饰品或硬质件（5分）				
	正确查阅维修资料和学习材料（5分）				
	8S 素养（5分）				
个人思考和总结（5分）	按照完成任务的安全、质量、时间和 8S 要求，提出个人改进性建议				
教师评价（40分）		教师评分			

思考：

（1）学生根据检查情况，总结出完成任务过程中时常会遇到的问题，并讲解如何预防这些问题的发生。

（2）设计两台三相异步电动机顺序控制电路。

3.2.5 课后习题

1. 位置控制电路中 SQ1、SQ2、SQ3、SQ4 的作用是什么？
2. 分析图 3-12 所示电路图的工作原理。

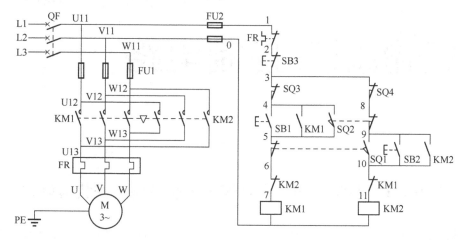

图 3-12 电路图

项目 ④

电动机顺序控制电路

任务 4.1 顺序起动、同时停止控制电路的安装与调试

知识目标：理解顺序起动、同时停止的含义，会分析顺序起动和同时停止控制电路原理，懂得控制电路的安装知识。

技能目标：掌握顺序起动和同时停止控制电路的安装、调试及故障的排除。

素养目标：培养学生养成自觉遵守安全及技能操作规程和认真负责、精心操作的工作习惯，以及团队合作意识。

重点和难点：顺序起动和同时停止控制电路的安装、调试及故障的排除。

解决方法：教师指导、实例演示、小组讨论、分组操作。

建议学时：4 学时。

4.1.1 任务分析

在一些车床中，控制的过程不一样，要求电动机的起动顺序、控制的方法也不一样。如图 4-1 所示，在 X62W 型万能铣床上，要求主轴电动机起动以后，进给电动机才能起动。又如在大型机床中还需要对同一台电动机在不同的地点实现控制，以满足操作方便及实施有效管理要求。

完成该任务首先要懂得顺序起动、同时停止电路的工作原理，才能完成电路的安装、调试以及故障排除。

图 4-1　X62W 型万能铣床

4.1.2 相关知识——顺序起动、同时停止电路

主电路实现顺序控制原理图识读，主电路的顺序控制电路如图 4-2 所示。在主电路中，

接触器 KM2 的三副主触点串在接触器 KM1 主触点的下方，故只有当 KM1 主触点闭合，电动机 M1 起动运转后，KM2 才能使电动机 M2 通电起动，满足电动机 M1、M2 顺序起动的要求。图中 SB1、SB2 分别为两台电动机的启动按钮，SB3 为电动机同时停止的控制按钮。

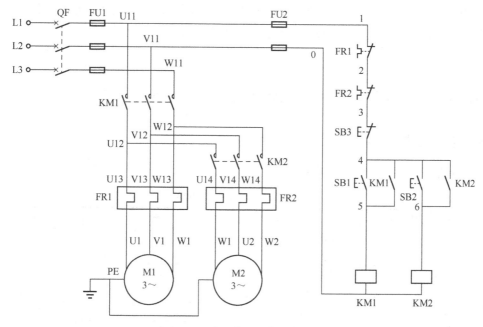

图 4-2　主电路的顺序控制电路

控制电路实现顺序控制原理图识读，如图 4-3 所示，如果电动机主电路不采用顺序控制，也可以通过控制电路实现顺序控制功能。

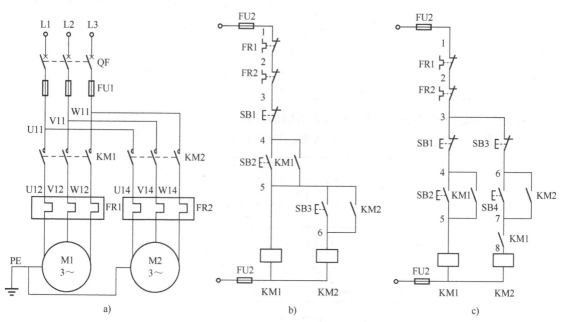

图 4-3　控制电路原理图
a）主电路图　b）、c）不同控制方式的控制电路图

控制过程分析：

图 4-3b 控制过程与图 4-2 的控制过程完全一样，合上电源开关 QF→按下启动按钮 SB2 后，KM1 吸合，电动机 M1 起动→按下启动按钮 SB3，KM2 吸合，电动机 M2 起动→按下停止按钮 SB1，电动机停止转动，而图 4-3c 的 M2 电动机在 M1 电动机正常运行的情况下，可以通过 SB4 按钮起动，还可以通过 SB3 按钮实现单独停止的。

 思考：

请分析图 4-3c 中 KM2 线圈前面 KM1 辅助常开触点的作用。

4.1.3 任务实施

需准备的元器件、工具清单见表 4-1。

表 4-1 元器件和工具清单

序号	元器件和工具	型号与规格	数量	单位	备注
1	常用电工工具	验电笔、螺钉旋具（一字和十字）、电工刀、尖嘴钳、钢丝钳、压线钳等	1	套	
2	万用表	MF47、DT9502 或自定	1	块	
3	交流接触器	CJ20-10	2	个	KM1、KM2
4	按钮	LA4-3H	4	组	SB1、SB2、SB3、SB4
5	主电路熔断器	RL1-15/15 15A 熔断器配 15A 熔体	3	只	FU1
6	控制电路熔断器	RL1-15/4 15A 熔断器配 4A 熔体	2	只	FU2
7	三相异步电动机	Y 系列 80-4 或自定	1	台	M
8	接线端子	JD0-1015	7	条	XT
9	热继电器	JR20-10L	1	个	FR
10	主电路导线	BVR-1.5 mm²	若干	米	
11	控制电路导线	BVR-1 mm²、BVR-0.75 mm²	若干	米	
12	接地线	BVR-1.5 mm²（黄绿双色）	若干	米	
13	配线板	木质配线板 600 mm×500 mm×20 mm	1	块	

1. 顺序起动、同时停止电路元器件布置图的识读

顺序起动、同时停止电路元器件布置图，如图 4-4 所示。

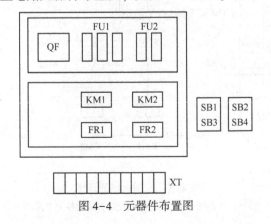

图 4-4 元器件布置图

2. 顺序起动、同时停止电路元器件接线图的识读

顺序起动、同时停止电路接线图，如图 4-5 所示。

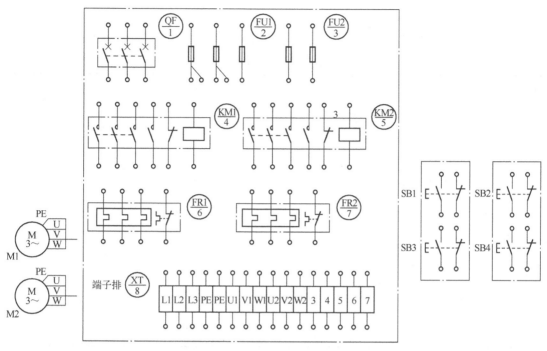

图 4-5 顺序起动、同时停止电路接线图

3. 安装接线工艺要求

（1）元器件安装工艺。安装牢固、排列整齐、位置应整齐、匀称。

（2）布线工艺。走线集中、减少架空和交叉，做到横平、竖直、转弯成直角。

（3）接线工艺。每个接头最多只能接两根线；接点要牢靠，不得压绝缘层、不反圈、不漏铜过长，电动机和按钮等金属外壳必须可靠接地。

4. 通电运行前的检查

检测布线，对照接线图检查是否掉线、错线，是否编漏、编错线号，接线是否牢固等。

5. 通电调试

（1）通电试车分无载（不接电动机）试车和有载（接电动机）试车两个环节，先进行无载试车。通电试车前，必须征得教师同意，并由指导教师接通三相电源 L1、L2、L3，同时在现场监护。以图 4-3b 所示为例，学生用验电笔检查工位上是否有电，确认有电后再插上电源插头→合上电源开关 QF→检验熔断器下桩是否带电→按下启动按钮 SB2 后，注意观察 KM1 是否吸合→按下启动按钮 SB3 后，注意观察 KM2 是否吸合，按下停止按钮 SB1，观察接触器是否复位，如出现异常错误，应立即切断电源，并仔细记录故障现象，以作为故障分析的依据，并及时回到工位进行故障与排除，待故障排除后再次通电试车，直到无载试车成功为止。

（2）如出现故障，学生应独立进行检修。若需带电检查时，教师必须在现场监护。检修完毕后，如需要再次试车，教师也应该在现场监护，并做好时间记录。

（3）通电校验完毕，切断电源后，进行验电，确保无电情况下拆除电源连接线，整理工具材料和操作台。

4.1.4　任务考评

根据班级人数先分组，然后进行任务实施，实施过程中的考评细节参见表4-2。

表4-2　任务考评

项　目	评价指标	自　评	互　评	自评、互评平均分	总　分
工作任务 （40分）	顺序起动、同时停止电路原理分析（5分）				
	导线是否有交叉（5分）				
	布局是否合理（5分）				
	控制电路连接正确性（15分）				
	通电是否成功（10分）				
职业素养 （15分）	工作服整洁、无饰品或硬质件（5分）				
	正确查阅维修资料和学习材料（5分）				
	8S素养（5分）				
个人思考和总结（5分）	按照完成任务的安全、质量、时间和8S要求，提出个人改进性建议				
教师评价 （40分）		教师评分			

思考：

（1）学生根据检查情况，总结出完成任务过程中时常会遇到的问题，并讲解如何预防这些问题的发生。

（2）顺序控制电路的应用有哪些？

4.1.5　课后习题

在空调设备中的风机，其工作情况有如下要求：

（1）先开风机再开压缩机。

（2）压缩机可自由停转。

（3）风机停止时，压缩机随即自动停车。

试为它设计电路，画出电路图并安装电路。

任务4.2　顺序起动、逆序停止控制电路的安装与调试

知识目标： 会分析顺序起动、逆序停止控制电路原理，懂得顺序起动、逆序停止控制电路的安装、调试、排除故障的知识。

技能目标： 掌握顺序起动、逆序停止控制电路的安装、调试及故障的排除。

素养目标： 培养学生养成自觉遵守安全及技能操作规程和认真负责、精心操作的工作习

惯，以及团队合作意识。

重点和难点：顺序起动、逆序停止控制电路的安装、调试及故障的排除。

解决方法：教师指导、实例演示、小组讨论、分组操作。

建议学时：2学时。

4.2.1 任务分析

在装有多台电动机的生产机械上，各电动机所起的作用是不同的，有时需按一定的顺序起动或停止，如车床主轴转动时，要求油泵先给润滑油，主轴停止后，油泵方可停止润滑，即要求油泵电动机先起动，主轴电动机后起动，主轴电动机停止后，才允许油泵电动机停止，实现这种控制功能的电路就是顺序控制、逆序停止控制电路。完成该任务首先要会分析两台三相笼型异步电动机顺序起动、逆序停止控制电路的工作原理，明确板前槽板配线的工艺要求，然后对这个电路进行安装与调试。

4.2.2 相关知识——顺序起动、逆序停止电路

1. 顺序起动、逆序停止电路原理图识读

该电路是在电动机 M2 的控制电路中串接了接触器 KM1 的常开辅助触点。显然，只要 M1 不起动，即使按下 SB3，由于 KM1 的常开辅助触点未闭合，KM2 线圈也不能得电，从而保证了 M1 起动后，M2 才能起动的控制要求。如图 4-6 所示。

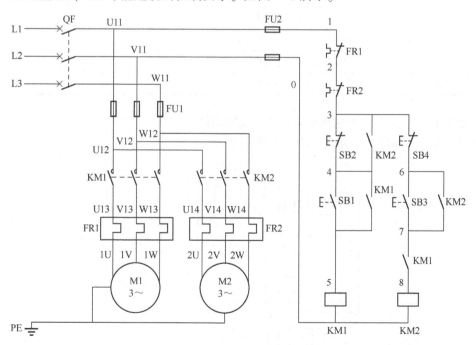

图 4-6 顺序起动、逆序停止控制电路原理图

2. 顺序起动、逆序停止电路工作原理分析

先合上电源开关 QF，具体控制过程如下：按下 SB1→KM1 线圈得电→KM1 主触点闭合，辅助触点 KM1 闭合自锁，同时串联在线圈 KM2 的辅助常开触点 KM1 闭合→电动机 M1

起动连续运转→再按下 SB3→KM2 线圈得电→KM2 主触点闭合，辅助触点 KM2 闭合自锁，与 SB2 并联的辅助常开触点 KM2 闭合→电动机 M2 起动连续运转。

按下 SB4，KM2 线圈失电，M2 停转。再按下 SB2，KM1 线圈失电，M1 停转。

4.2.3 任务实施

需准备的元器件和工具清单见表 4-3。

表 4-3　元器件和工具清单

序号	元器件和工具	型号与规格	数量	单位	备注
1	常用电工工具	验电笔、螺钉旋具（一字和十字）、电工刀、尖嘴钳、钢丝钳、压线钳等	1	套	
2	万用表	MF47、DT9502 或自定	1	块	
3	交流接触器	CJ20-10	2	个	KM1、KM2
4	按钮	LA4-3H	4	组	SB1、SB2、SB3、SB4
5	主电路熔断器	RL1-15/15 15A 熔断器配 15A 熔体	3	只	FU1
6	控制电路熔断器	RL1-15/4 15A 熔断器配 4A 熔体	2	只	FU2
7	三相异步电动机	Y 系列 80-4 或自定	1	台	M
8	接线端子	JD0-1015	7	条	XT
9	热继电器	JR20-10L	1	个	FR
10	主电路导线	BVR-1.5 mm^2	若干	米	
11	控制电路导线	BVR-1 mm^2、BVR-0.75 mm^2	若干	米	
12	接地线	BVR-1.5 mm^2（黄绿双色）	若干	米	
13	配线板	木质配线板 600 mm×500 mm×20 mm	1	块	

1. 顺序起动、逆序停止电路元器件布置图的识读

顺序起动、逆序停止电路布置图，如图 4-7 所示。

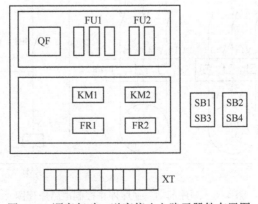

图 4-7　顺序起动、逆序停止电路元器件布置图

2. 顺序起动、逆序停止电路元器件接线图的识读

顺序起动、逆序停止电路接线图参考图 4-5。

3. 安装接线工艺要求

（1）接线要点，要求控制电路接触器 KM1 动作后接触器 KM2 才能动作，则将 KM1 接触器的常开触点串接在接触器 KM2 的线圈电路；要求接触器 KM2 停止后接触器 KM1 才能停止，则将接触器 KM2 的常开触点并接在 M1 停止按钮的两端。

（2）其他工艺参考前面工艺。

4. 通电运行前的检查

为保证人身安全，在通电试车时，要认真执行安全操作规程的有关规定，经教师检查并现场监护。

5. 通电调试

（1）接通三相电源 L1、L2、L3，合上电源开关 QF，用电笔检查熔断器出线端，氖管亮说明电源接通。按下启动按钮，观察接触器情况是否正常，是否符合电路功能要求，观察电器元件动作是否灵活，有无卡阻及噪声过大现象，观察电动机运行是否正常。若有异常，立即停车检查。

（2）通电试车完毕，停转，切断电源。先拆除三相电源线，再拆除电动机。

（3）如有故障，应该立即切断电源，要求学生独立分析原因，检查电路，直至达到项目拟定的要求。若需要带电检查时，必须在教师现场监护下进行。

（4）试车成功后拆除电路与元器件，清理工位。

4.2.4　任务考评

根据班级人数先分组，然后进行任务实施，实施过程中的任务考评细节参见表4-4。

表4-4　任务考评

项　　目	评价指标	自　　评	互　　评	自评、互评平均分	总　　分
工作任务 （40分）	顺序起动、逆序停止控制电路原理分析（5分）				
	导线是否有交叉（5分）				
	布局是否合理（5分）				
	控制电路连接正确性（15分）				
	通电是否成功（10分）				
职业素养 （15分）	工作服整洁、无饰品或硬质件（5分）				
	正确查阅维修资料和学习材料（5分）				
	8S 素养（5分）				
个人思考和 总结（5分）	按照完成任务的安全、质量、时间和8S要求，提出个人改进性建议				
教师评价 （40分）		教师评分			

思考：

学生根据检查情况，总结出完成任务过程中时常会遇到的问题，并讲解如何预防这些问题的发生。

4.2.5 课后习题

1. 设计一个控制电路，要求第一台电动机起动 10 s 后，第二台电动机自行起动，运行 10 s 后，第一台电动机停止运行并同时使第三台电动机自行起动，再运行 15 s 后，电动机全部停止运行。

2. 试设计一条自动运输线，有两台电动机，M1 拖动运输机，M2 拖动卸料机。功能要求：①M1 先起动后，才允许 M2 起动；②M2 先停止，经一段时间后 M1 才自动停止，且 M2 可以单独停止。

项目 5

电动机减压起动控制电路

任务 5.1　Y–△减压起动控制电路安装与检修

知识目标：会分析Y–△减压起动控制电路原理。

技能目标：掌握Y–△减压起动控制电路的安装、调试及故障的排除。

素养目标：培养学生养成自觉遵守安全及技能操作规程和认真负责、精心操作的工作习惯，以及团队合作意识。

重点和难点：Y–△减压起动控制电路的安装、调试及故障的排除。

解决方法：教师指导、实例演示、小组讨论、分组操作。

建议学时：4 学时。

5.1.1　任务分析

在三相异步电动机直接起动时，起动电流较大（一般为额定电流的4~7倍），可能会影响同一供电电路中其他电气设备的正常工作。为了避免电动机起动时对电网产生较大的压降，起动电流不能太大，因此就产生出各种减压起动控制电路。而在各种减压起动电路中，Y–△减压起动是最常用的。

通常规定：电源容量在 180 kVA 以上、电动机容量在 7 kW 以下的三相异步电动机可采用直接起动。对于电动机是否能够直接起动，可根据以下经验公式来确定：

$$\frac{I_{st}}{I_N} \leqslant \frac{3}{4} + \frac{S}{4P}$$

式中　I_{st}——电动机全压起动电流，单位为 A；

　　　I_N——电动机额定电流，单位为 A；

　　　S——电源变压器容量，单位为 kVA；

　　　P——电动机功率，单位为 kW。

凡不满足直接起动条件的，均须采用减压起动。

由于电流随电压的降低而减小，所以减压起动达到了减小起动电流的目的。但是由于电动机的转矩与电压的二次方成正比，所以减压起动也将导致电动机的起动转矩大为降低。因此减压起动在空载或轻载下进行。

常见减压起动方式有定子绕组串接电阻或电抗器减压起动、自耦变压器减压起动、丫-△减压起动、延边三角形减压起动等。

5.1.2 相关知识——减压起动电路

1. 定子串电阻减压起动控制电路原理分析

（1）定子串电阻减压起动控制电路原理图识读

定子绕组串接电阻减压起动控制电路是把电阻串接在电动机定子绕组与电源之间，电动机起动时，通过电阻的分压作用来降低定子绕组上的起动电压。待电动机起动结束后，再将电阻短接，使电动机定子绕组的电压恢复到全压运行。在实际生产应用中，通常运用时间继电器来实现短接电阻，达到自动控制的效果。定子串接电阻减压起动电路图如图5-1所示。

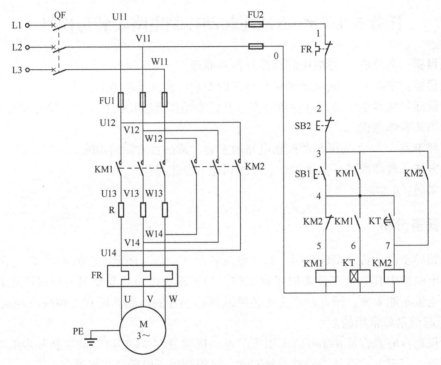

图5-1 定子串接电阻减压起动电路图

（2）定子串电阻减压起动控制电路工作原理分析

按下启动按钮 SB1，KM1 线圈得电，KM1 常开触点闭合自锁，同时，KM1 主触点闭合，电动机 M 接电阻 R 减压起动。

在按下启动按钮 SB1 的同时，时间继电器 KT 开始计时，时间一到 KT 常开触点闭合，KM2 线圈得电，主触点闭合，电阻 R 被短接，电动机 M 全压运行。

按下 SB2 时，电动机 M 停止运行。

优点：能够实现减压起动要求。

缺点：若频繁起动，则电阻的温度会很高，对于精密度高的设备会有一定的影响。

2. 时间继电器控制丫－△减压起动控制电路原理分析

（1）丫－△减压起动控制电路原理图识读

在实际应用中，通常采用时间继电器自动控制完成对丫－△的切换，实现自动减压起动控制，电路图如图 5-2 所示。

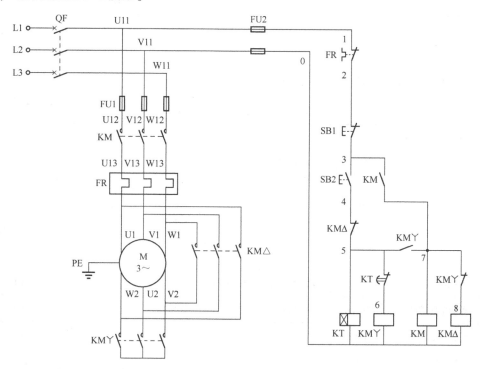

图 5-2　时间继电器控制丫－△减压起动控制电路

（2）丫－△减压起动控制电路工作原理分析

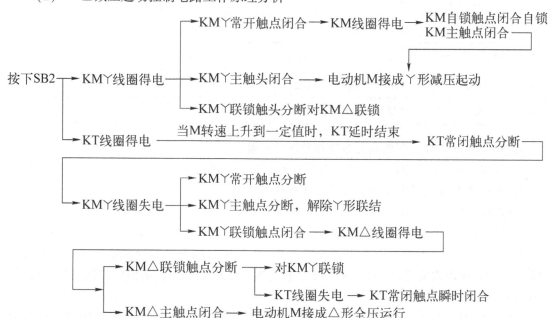

思考：

1. 有些三相异步电动机起动时为什么要采用减压起动？

2. Y－△减压起动控制是怎么组成的？这种起动方式有什么优点？

5.1.3 任务实施

需准备的元器件和工具清单见表5-1。

表5-1　元器件和工具清单

序号	元器件和工具	型号与规格	数　量	单　位	备　注
1	常用电工工具	验电笔、螺钉旋具（一字和十字）、电工刀、尖嘴钳、钢丝钳、压线钳等	1	套	
2	万用表	MF47、DT9502 或自定	1	块	
3	交流接触器	CJ20-10	2	个	KM1、KM2
4	按钮	LA4-3H	2	组	SB1、SB2
5	主电路熔断器	RL1-15/15 15A 熔断器配 15A 熔体	3	只	FU1
6	控制电路熔断器	RL1-15/4 15A 熔断器配 4A 熔体	2	只	FU2
7	三相异步电动机	Y80-4 或自定	1	台	M
8	接线端子	JD0-1015	7	条	XT
9	热继电器	JR20-10L	1	个	FR
10	时间继电器	JS20	1	个	KT
11	主电路导线	BVR-1.5 mm²	若干	米	
12	控制电路导线	BVR-1 mm²、BVR-0.75 mm²	若干	米	
13	接地线	BVR-1.5 mm²（黄绿双色）	若干	米	
14	配线板	木质配线板 600 mm×500 mm×20 mm	1	块	

1. Y－△减压起动控制电路元器件布置图的识读

Y－△减压起动控制电路元器件布置图，如图5-3所示。

2. Y－△减压起动控制电路安装接线图的绘制

Y－△减压起动控制电路接线图，如图5-4所示。

3. 安装接线工艺要求

（1）空气阻尼型时间继电器结构调整。空气阻尼型时间继电器分为通电延时与断电延时两种，只要将固定电磁系统的螺钉松下，将电磁系统转动180°，结构形式就发生了改变。本电路使用通电延时结构。

（2）空气阻尼型时间继电器时间整定。调整固定电磁系统的螺钉前后的距离和调节时

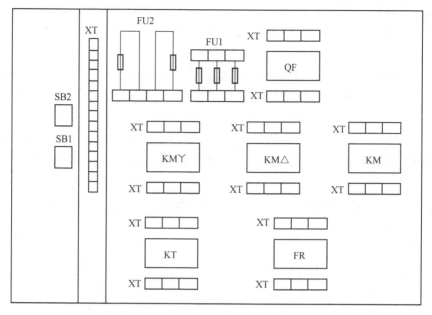

图 5-3 元器件布置图

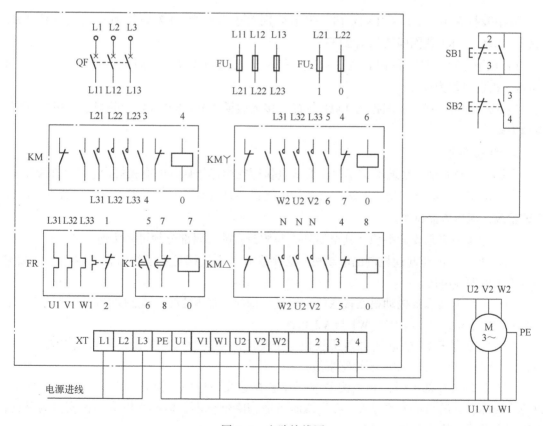

图 5-4 电路接线图

间调整旋钮，注意箭头的方向。

（3）空气阻尼型时间继电器 KT 瞬时触点和延时触点的辨别（用万用表测量确认）和接线。

（4）电动机的接线端与接线排上出线端的连接。接线时，要保证电动机 △ 接法的正确性，即接触器 KM△ 主触点闭合时，应保证定子绕组的 U1 与 W2、V1 与 U2、W1 与 V2 相连接。

（5）KM、KM丫、KM△ 主触点的接线：注意要分清进线端和出线端。如接触器 KM丫的进线必须从三相定子绕组的末端引入，若误将其首端引入，则在 KM丫 吸合时，会产生三相电源短路事故。

（6）控制电路中 KM 和 KM丫 触点的选择和 KT 触点、线圈之间的接线。

4. 通电运行前的检查

（1）主电路检查：

万用表打在 R×100 档，闭合 QF 开关。

1）按下 KM，表笔分别接在 L1—U1、L2—V1、L3—W1，这时表针右偏指零。

2）按下 KM丫，表笔分别接在 W2—U2、U2—V2、V2—W2，这时表针右偏指零。

3）按下 KM△，表笔分别接在 U1—W2、V1—U2、W1—V2，这时表针右偏指零。

（2）控制电路检查：

万用表打在 R×100 或 R×1k 档，表笔分别置于熔断器 FU2 的 1 和 0 位置（测 KM、KM丫、KM△、KT 线圈阻值均为 2 kΩ）。

1）按下 SB2，表针右偏指为 1 kΩ 左右（接入线圈 KM丫、KT），同时按下 SB2 和 KM△，指针左偏为 ∞ 。

2）按下 KM，指针右偏指为 1 kΩ 左右（接入线圈 KM、KM△），同时按下 SB2，指针左偏为 ∞ 。

5. 通电调试

为保证人身安全，在通电试车时，要认真执行安全操作规程的有关规定，一人监护，一人操作。试车前，应检查与通电试车有关的电气设备是否有不安全的因素存在，若查出应该立即整改，然后方能试车。

（1）电动机必须安放平稳，其金属外壳与按钮盒的金属部分须可靠接地。

（2）用丫–△减压起动控制的电动机，必须有 6 个出线端且定子绕组在 △ 接法时的额定电压等于电源线电压。

（3）接线时要保证电动机 △ 接法的正确性，即接触器 KM△ 主触点闭合时，应保证定子绕组的 U1 与 W2、V1 与 U2、W1 与 V2 相连接。

（4）接触器 KM丫的进线必须从三相定子绕组的末端引入，若误将其首端引入，则在 KM丫 吸合时，会产生三相电源短路事故。

（5）控制板外部配线，必须按要求一律装在导线通道内，使导线有适当的机械保护，以防止液体、铁屑和灰尘的侵入。在训练时可适当降低标准，但必须以能确保安全为条件，如采用多芯橡皮线或塑料护套软线。

（6）通电校验前，要再检查一下熔体规格及时间继电器、热继电器的各整定值是否符合要求。

（7）通电校验时，必须有指导教师在现场监护，学生应根据电路的控制要求独立进行校验，若出现故障也应自行排除。

（8）安装训练应在规定定额时间内完成，同时要做到安全操作和文明生产。

5.1.4 任务考评

根据班级人数先分组，然后进行任务实施，实施过程中的任务考评细节参见表5-2。

表5-2 任务考评

项目	评价指标	自评	互评	自评、互评平均分	总分
工作任务（40分）	主控电路原理分析（5分）				
	元器件布置是否合理（5分）				
	走线是否符合工艺规范（5分）				
	控制电路连接正确性（15分）				
	通电调试是否成功（10分）				
职业素养（15分）	工作服整洁、无饰品或硬质件（5分）				
	正确查阅维修资料和学习材料（5分）				
	8S素养（5分）				
个人思考和总结（5分）	按照完成任务的安全、质量、时间和8S要求，提出个人改进性建议				
教师评价（40分）		教师评分			

 思考：

学生根据检查情况，总结出完成任务过程中时常会遇到的问题，并讲解如何预防这些问题的发生。

5.1.5 课后习题

1. Ｙ-△减压起动电路工作原理分析。

2. 如何利用万用表测试Ｙ-△减压起动控制电路？

3. Ｙ形减压起动和△全压运行如何进行联锁保护？

任务 5.2　自耦变压器减压起动控制电路安装与检修

知识目标：会分析自耦变压器减压起动控制电路原理。

技能目标：掌握自耦变压器减压起动控制电路的安装、调试及故障的排除。

素养目标：培养学生养成自觉遵守安全及技能操作规程和认真负责、精心操作的工作习惯，以及团队合作意识。

重点和难点：自耦变压器减压起动控制电路的安装、调试及故障的排除。

解决方法：教师指导、实例演示、小组讨论、分组操作。

建议学时：4 学时。

5.2.1　任务分析

自耦变压器减压起动（补偿器减压起动）是指利用自耦变压器来降低加在电动机三相定子绕组上的电压，达到限制起动电流的目的。电动机起动时，定子绕组得到的电压是自耦变压器的二次电压，一旦起动完毕，自耦变压器便被切除，电动机全压正常运行，如图 5-5 所示。

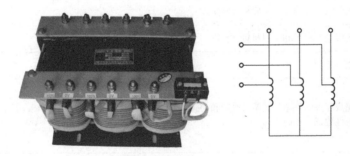

图 5-5　自耦变压器外形及星形联结示意图

5.2.2　相关知识——自耦变压器减压起动电路

1. 自耦变压器减压起动

自耦变压器减压起动控制是利用自耦变压器来降低起动时加在定子绕组上的电压，以达到限制起动电流的目的。待电动机起动以后，再使用电动机与自耦变压器脱离，从而转为电动机在全压下正常运行。实现自耦变压器减压起动电路的主要器件为自耦减压起动器，如图 5-6 所示。

其原理图如图 5-7 所示。

2. 自耦变压器减压起动控制电路的优缺点

优点：起动转矩相对较大，当其绕组抽头在 80% 处时，起动转矩可达直接起动时的 64%。并且可以通过抽头调节起动转矩，能适应不同负载起动的需要。

缺点：冲击电流大、冲击转矩大，起动过程中存在二次冲击电流和冲击转矩。

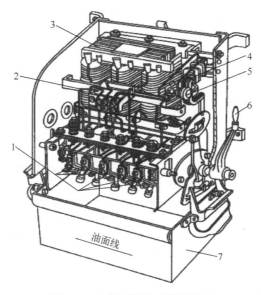

图 5-6　自耦减压起动器结构图

1—起动触点　2—热继电器　3—自耦变压器　4—欠电压保护装置

5—停止按钮　6—操作手柄　7—油箱

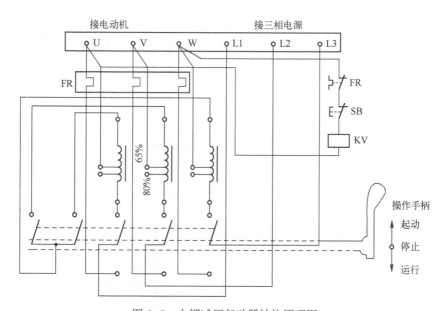

图 5-7　自耦减压起动器结构原理图

3. 自耦变压器减压起动控制电路原理图识读

自耦变压器减压起动分为手动与自动操作两种。手动操作的补偿器有 QJ3、QJ5 等型号，自动操作的补偿器有 XJ01 型和 CT2 系列等。QJ3 型手动控制补偿器有 65%、80% 两组抽头。可以根据起动时负载大小来选择，出厂时接在 65% 的抽头上。XJ01 型自耦补偿减压起动器适用于 14~28kW 的电动机，其控制电路如图 5-8 所示。

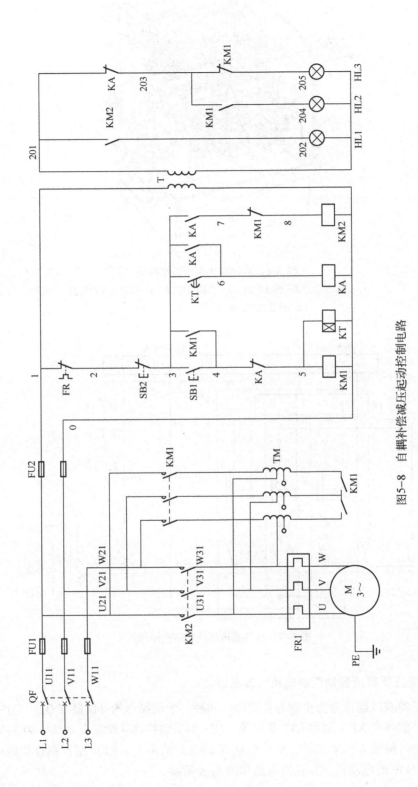

图5-8 自耦补偿减压起动控制电路

其工作原理如下：

合上断路器QF──→指示灯HL3亮

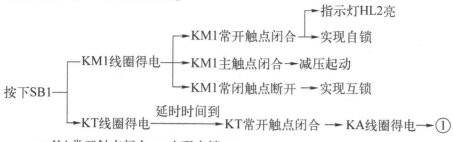

②──→KM2主触点闭合──→电动机M全压运行

停车：按下停车按钮SB2，控制电路断电，电动机M停转。

在实际应用中，自耦变压器减压起动方法适用于电动机容量较大、不频繁起动的场合。

思考：

（1）自耦变压器减压起动是如何实现减压起动的？

（2）自耦变压器减压起动中时间继电器的作用是什么？

5.2.3 任务实施

需准备的元器件和工具清单见表5-3。

表5-3 元器件和工具清单

序号	元器件和工具	型号与规格	数量	单位	备注
1	常用电工工具	验电笔、螺钉旋具（一字和十字）、电工刀、尖嘴钳、钢丝钳、压线钳等	1	套	
2	万用表	MF47、DT9502或自定	1	块	
3	交流接触器	CJ20-10	1	个	KM
4	常开按钮	LA4-3H	1	组	SB
5	主电路熔断器	RL1-15/15 15A熔断器配15A熔体	3	只	FU1
6	控制电路熔断器	RL1-15/4 15A熔断器配4A熔体	2	只	FU2
7	三相异步电动机	Y80-4或自定	1	台	M
8	接线端子	JD0-1015	8	条	XT
9	主电路导线	BVR-1.5mm²	若干	米	
10	控制电路导线	BVR-1mm²、BVR-0.75mm²	若干	米	
11	接地线	BVR-1.5mm²（黄绿双色）	若干	米	
12	配线板	木质配线板600mm×500mm×20mm	1	块	
13	自耦变压起动器	QJ3	1	台	

1. 自耦变压器减压起动元器件布置图的识读

自耦变压器减压起动控制电路元器件布置图，如图 5-9 所示。

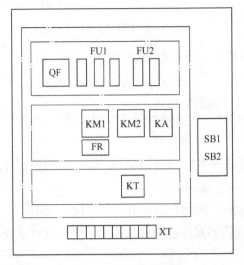

图 5-9　元器件布置图

2. 电路安装与调试

（1）绘制电路图

1）根据电气原理图绘制出元器件布置图。

2）绘制电路接线图。

（2）安装、布线

在控制板上按布置图安装元器件，并贴上醒目的文字符号。在控制板上按接线图进行线槽布线。

3. 安装电动机，连接外部的导线

安装电动机要做到安装牢固平稳，以防产生移动而引起事故；连接电动机和按钮金属外壳的保护接地线；连接电动机和电源等控制板外部的导线。电动机连接线采用绝缘良好的橡胶皮导线。

4. 自检电路

安装完毕的控制电路板，必须按如下要求进行认真检查，确保无误后才允许通电试车。

1）根据原理图、接线图，从电源端开始，逐段核对接线有无漏接、错接之处，检查导线接点是否符合要求，压接是否牢固，以免带负载运行时产生闪弧现象。

2）用万用表检查电路通断情况，用手动操作来模拟触点分合动作。

5. 通电试车

自检电路无误后，经指导教师检查后，通电试车。

5.2.4　任务考评

根据班级人数先分组，然后进行任务实施，实施过程中的考评细节参见表 5-4。

表 5-4　任务考评

项目	评价指标	自评	互评	自评、互评平均分	总分
工作任务（40分）	自耦变压器减压起动电路原理分析（5分）				
	导线是否有交叉（5分）				
	布局是否合理（5分）				
	控制电路连接正确性（15分）				
	通电是否成功（10分）				
职业素养（15分）	工作服整洁、无饰品或硬质件（5分）				
	正确查阅维修资料和学习材料（5分）				
	8S 素养（5分）				
个人思考和总结（5分）	按照完成任务的安全、质量、时间和8S要求，提出个人改进性建议				
教师评价（40分）		教师评分			

5.2.5　课后习题

1. 自耦变压器减压起动电路工作原理分析。
2. 如何利用万用表测试自耦变压器减压起动控制电路？
3. 自耦变压器减压起动电路在运行时应注意哪些？

项目 6

三相异步电动机制动控制电路

任务 6.1　半波整流能耗制动控制电路的安装与调试

知识目标：熟悉电动机制动的种类及应用场合，能分析半波整流能耗制动控制电路原理，熟悉电磁抱闸和电磁离合器制动器的结构。

技能目标：掌握半波整流能耗制动控制电路的安装、调试及电路故障的排除。

素养目标：培养学生养成自觉遵守安全操作规程的习惯，树立独立工作和团队合作意识。

重点和难点：半波整流能耗制动控制电路的安装、调试及电路故障的排除。

解决方法：教师指导、实例演示、小组讨论。

建议学时：6 学时

6.1.1　任务分析

当三相异步电动机切断电源后，由于电动机及生产机械的转动部分有转动惯性，需要经过较长时间才能停转，这对某些生产机械来说是允许的，例如常用的砂轮机、风机等，这种停电后不加强制的停转称为自由停车。但有的生产机械要求迅速停车或准确停车，如吊车运送物品时，必须将货物准确停放在空中某一位置，机床更换加工零件时需要迅速停机，以节省工作时间，实现这些操作功能都要用到制动控制技术。三相异步电动机的制动有机械制动和电气制动两大类，电磁抱闸制动属于机械制动，能耗制动和反接制动属于电气制动，不论哪种制动，电动机的制动转矩方向总是与转动方向相反。三相笼型异步电动机的半波整流能耗制动控制电路是应用最广泛的能耗制动电路之一，完成该任务首先要学习制动的种类及工作原理，能分析制动控制电路的工作原理，明确电路安装的工艺要求，然后对这个电路进行安装与调试。懂得控制电路的工作原理，才能完成安装、调试以及故障的排除。

6.1.2　相关知识——机械制动和电气制动

1. 机械制动

在电源断开后利用机械装置使电动机迅速停止转动的方法称为机械制动。常用的机械制动装置有电磁抱闸制动器和电磁离合器制动器。电磁抱闸制动器结构如图 6-1 所示，电磁离合器制动器结构如图 6-2 所示。

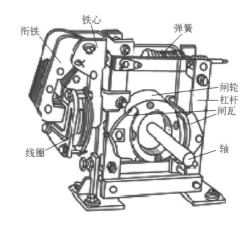

图 6-1　电磁抱闸制动器结构

图 6-2　电磁离合器制动器结构

2. 电气制动

三相异步电动机在正常运转时，其转子是顺着磁场方向转动的，这时候电动机的转矩方向与旋转方向相同。如果电动机转矩与转子方向相反，电动机即可处于制动状态。电气制动就是依靠电气方式使电动机产生与旋转方向相反的制动转矩，从而使电动机迅速停转的方法。常用的电气制动方法有两种：能耗制动和反接制动。反接制动的原理见任务 6.2。

（1）能耗制动原理

当电动机脱离三相电源时，立即在两相定子绕组之间接入一个直流电源，如图 6-3 所示。直流电在定子绕组中产生一个固定的磁场，使旋转着的转子中感应出电动势和电流，从而获得制动转矩，强制转子迅速停转，由于这种制动方法是通过在定子绕组中通入直流电以消耗转子惯性运转的动能来进行制动的，所以称为能耗制动。

（2）半波整流能耗制动控制电路工作原理分析

半波整流能耗制动所用设备少、电路简单、成本低，常用于 10 kW 以下小容量电动机，且对制动要求不高的场合。

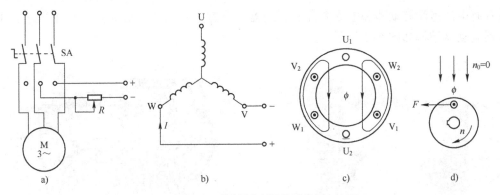

图 6-3　能耗制动原理示意图

a）接线图　b）直流电流方向　c）直流在定子绕组中产生固定磁场　d）转子受制动转矩作用

半波整流能耗制动电路图如图 6-4 所示，其具体控制过程如下：

先合上电源开关 QF。

1）起动过程：

按下起动按钮SB$_1$ → KM$_1$线圈得电并自锁 ┬→ KM$_1$常闭辅助触点断开联锁

└→ KM$_1$主触点闭合 → 电动机M起动运行

2）制动停车过程：

按下停车按钮SB$_2$ ┬→ KM$_1$线圈断电 ┬→ KM$_1$主触点断开 → 电动机M断电，惯性运转

│　　　　　　　　　└→ KM$_2$线圈得电 → KM$_2$主触点闭合 → 电动机能耗制动

└→ KT线圈得电 → KT常闭触点延时断开 → KM$_2$线圈断电 → KM$_2$主触点断开，切断电动机直流电源，制动结束

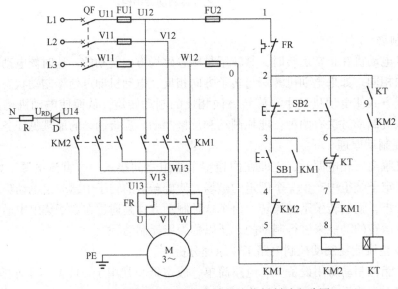

图 6-4　三相异步电动机半波整流能耗制动电路图

思考:

（1）制动电路中二极管 D、电阻 R 的作用？

（2）KM2 常开触点上方应串接 KT 瞬动常开触点的目的是什么？

6.1.3 任务实施

需准备的元器件和工具清单见表 6-1。

表 6-1　元器件和工具清单

序号	元器件和工具	数　量	序号	元器件和工具	数　量
1	低压断路器	1 只	9	冷压端子	若干
2	熔断器	5 只	10	导线	若干
3	交流接触器	2 只	11	异形管	若干
4	热继电器	1 只	12	剥线钳	1 把
5	时间继电器	1 只	13	尖嘴钳	1 把
6	按钮	2 只	14	螺钉旋具（十字、一字）	2 把
7	二极管、制动电阻	1 套	15	万用表	1 只
8	三相交流异步电动机	1 只	16	测电笔	1 支

1. 元器件清单与检查

对任务所需的元器件认真清点数量，同时查看外观是否破损，测量线圈和触点状态，测量二极管的极性、电阻的阻值。

2. 控制电路安装接线图的绘制

根据能耗制动控制电路原理图绘制出对应的电路接线图，如图 6-5 所示。

3. 制动电阻、二极管的选择和安装注意事项

（1）单相半波整流能耗制动只适合小功率三相电动机，二极管容量大于等于电动机电流的 5 倍。

（2）R 阻值小制动时间快，但要求电阻功率大，R 阻值大，制动时间长。

（3）制动时电阻和二极管会产生热量，安装时要预留相应的散热空间和安全距离。

（4）时间继电器的调整很重要。若不及时断开直流电，电动机不会反转但其绕组会迅速发热甚至烧毁。

4. 通电运行前的检查

安装完毕后的控制电路板，必须经过认真检测后才允许通电试车。

（1）检查导线连接的正确性。按电路图或接线图从电源端开始，逐段核对接线端子处线号是否正确，有无漏接、错接之处。检查导线接点是否符合要求，压接是否牢固。

（2）使用电工仪表进行检查

用万用表检查电路的通断情况。使用万用表检测安装好的电路，万用表选择合适档位并进行欧姆调零，如果测量结果与正确值不符，应根据电路图和接线图检查是否有接线错误。

（3）检查无误后，再用绝缘电阻表（兆欧表）检查电路的绝缘电阻不得小于 $0.5\,\text{M}\Omega$，在排除其他一切可能不安全因素后，方可通电试车。

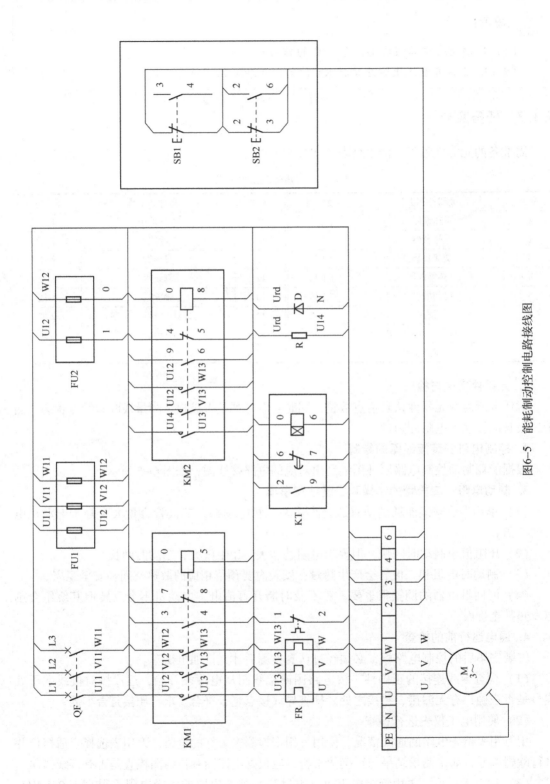

图6-5　能耗制动控制电路接线图

5. 通电试验

（1）通电试车时，要严格执行电工安全操作规程，穿戴好劳动防护用品，一人监护、一人操作。

（2）通电试车分无载（不接电动机）试车和有载（接电动机）试车两个环节，先进行无载试车。无载试车成功后，再接上电动机进行有载试车，观察电动机的工作状况。

（3）如出现故障，学生应独立进行检修。若需带电检查时，教师必须在现场监护。检修完毕后，需再次进行试车，教师也应该在现场监护，并做好记录。

（4）通电试验完毕，切断电源，验电，在确保断电情况下拆除电源连接线。

（5）拆除所接电路及元器件，做到工完场清，整理并归还器材。

6.1.4　任务考评

根据班级人数先分组，然后进行任务实施，实施过程中的考评细节参见表6-2。

表6-2　任务考评

项目	评价指标	自评	互评	自评、互评平均分	总分
工作任务 （40分）	导线是否有交叉（5分）				
	布局是否合理（5分）				
	控制电路连接正确性（15分）				
	通电是否成功（15分）				
职业素养 （15分）	工作服整洁、无饰品或硬质件（5分）				
	正确查阅维修资料和学习材料（5分）				
	8S素养（5分）				
个人思考和总结 （5分）	按照完成任务的安全、质量、时间和8S要求，提出个人改进性建议				
教师评价 （40分）		教师评分			

6.1.5　课后习题

1. 简要说明能耗制动的制动原理和应用范围。

2. 读图6-4中三相异步电动机半波整流能耗制动控制电路，叙述其工作原理。

3. 读图6-4中三相异步电动机半波整流能耗制动控制电路，能耗制动有哪些电器来配合完成？

4. 读图6-4中三相异步电动机半波整流能耗制动控制电路，若接通电源后，按下SB2后KT得电而KM2不得电，试分析故障原因，确定故障范围，并简述检修流程。

5. 读图6-4中三相异步电动机半波整流能耗制动控制电路图，若接通电源后，按下SB2后KT、KM2正常得电，但电动机无制动，试分析故障原因，确定故障范围，并简述检修流程。

任务6.2　电动机反接制动控制电路的安装与调试

知识目标：熟悉电动机制动的种类及应用场合，能分析反接制动控制电路原理，熟悉速度继电器的结构、图形符号、文字符号、工作原理。

技能目标：掌握反接制动控制电路的安装、调试及电路故障的排除。

素养目标：培养学生养成自觉遵守安全操作规程的习惯，提高独立工作和团队协作的能力。

重点和难点：反接制动控制电路的安装、调试及电路故障的排除。

解决方法：教师指导、实例演示、小组讨论。

建议学时：6学时。

6.2.1　任务分析

反接制动属于电气制动。完成该任务首先要学习制动的种类及工作原理，能分析制动控制电路的工作原理，明确电路安装的工艺要求，然后对这个电路进行安装与调试。懂得控制电路的工作原理，才能完成安装、调试以及故障的排除。

6.2.2　相关知识——反接制动电路

1. 反接制动原理

反接制动原理如图6-6所示，如需电动机停车时，可将接到电源的三根相线中的任意两根对调，旋转磁场立即反向旋转，转子中的感应电动势和电流也都反向，从而产生制动转矩，使电动机迅速停转。当电动机转速接近于零时，应立即切断电源，以免电动机反转，切断电源的任务通常由速度继电器来辅助完成。

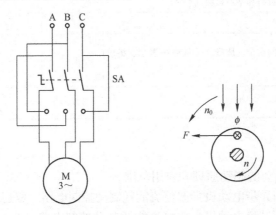

图6-6　反接制动原理示意图

2. 速度继电器

速度继电器在电路中用于反映电动机转速和转向，它的输入信号为电动机的转速，它与电动机的转轴同轴相连安装。如图6-7所示，一般情况下，速度继电器有两对常开触点和两对常闭触点，分别叫作正转常开触点、正转常闭触点和反转常开触点、反转常闭触点。当电动机正转起动运行，电动机转速达到120 r/min以上时，正转常闭触点断开，常开触点闭合，用以控制所需要控制的电路；当电动机正转停止，转速下降至100 r/min时，正转常开触点在弹簧力的作用下复位断开，常闭触点复位闭合。同理，当电动机反转起动时，其转速达到120 r/min时，反转常闭触点断开，常开触点闭合，当电动机反转下降至100 r/min时，反转常开触点复位断开，常闭触点复位闭合。

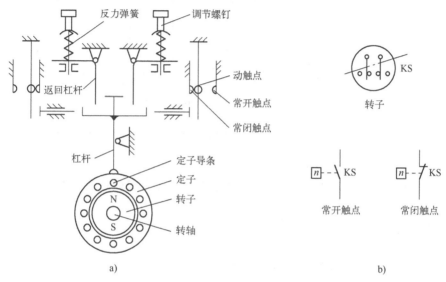

图 6-7 速度继电器的结构及符号

a）原理图 b）电路图形符号

3. 反接制动控制电路图的识读

三相笼型异步电动机单向起动反接制动控制电路如图 6-8 所示，其工作原理如下：电动机正常运转时，KM1 通电吸合，KS 的常开触点闭合，为反接制动作准备。按下停止按钮 SB2，KM1 断电，电动机定子绕组脱离三相电源，电动机因惯性仍以很高速度旋转，KS 常开触点仍保持闭合，将 SB2 按到底，使 SB2 常开触点闭合，KM2 通电并自锁，电动机定子串接电阻接上反相序电源，进入反接制动状态。电动机转速迅速下降，当电动机转速接近 100 r/min 时，KS 常开触点复位，KM2 断电，电动机断电，反接制动结束。

特点：设备简单，制动转矩较大，冲击强烈，准确度不高。

适用场合：适用于要求制动迅速，制动不频繁（如各种机床的主轴制动）的场合。容量较大（4.5 kW 以上）的电动机采用反接制动时，须在主电路中串联限流电阻。但是，由于反接制动时，振动和冲击力较大，影响机床的精度，所以机床使用时受到一定限制。

反接制动的关键是电动机电源相序的改变，且当转速下降接近于零时，能自动将反向电源切除，防止反向再起动。

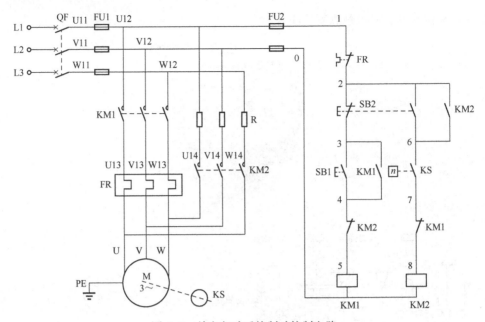

图 6-8　单向起动反接制动控制电路

 思考：

电阻 R 的大小与哪些因素有关，查询资料，写出限流电阻的计算公式。

6.2.3　任务实施

准备元器件、工具，如表 6-3 所示。

表 6-3　元器件和工具清单

序号	元器件和工具	数　量	序号	元器件和工具	数　量
1	低压断路器	1 只	9	冷压端子	若干
2	熔断器	5 只	10	导线	若干
3	交流接触器	2 只	11	异形管	若干
4	热继电器	1 只	12	剥线钳	1 把
5	按钮	2 只	13	尖嘴钳	1 把
6	制动电阻	3 只	14	螺钉旋具（十字、一字）	2 把
7	速度继电器	1 只	15	万用表	1 只
8	三相交流异步电动机	1 只	16	测电笔	1 支

1. 元器件清单与检查

对任务所需的元器件认真清点数量，同时查看外观是否破损，测量各线圈及速度继电器的触点状态。

2. 控制电路安装接线图的绘制

根据反接制动控制电路原理图绘制出对应的电路接线图，如图 6-9 所示。

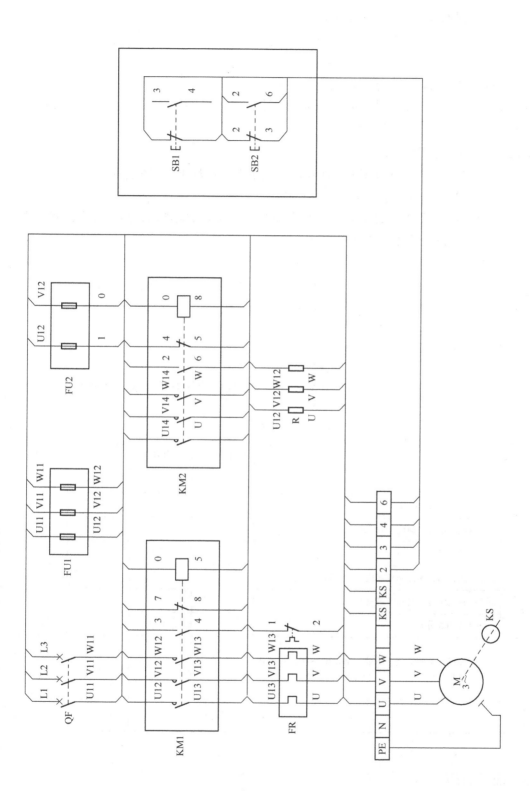

图6-9 反接制动控制电路接线图

3. 速度继电器的选用和安装接线注意事项

（1）速度继电器主要根据电动机的额定转速来匹配。

（2）速度继电器金属外壳应可靠接地。

（3）速度继电器的转轴应与电动机同轴连接。

（4）速度继电器安装接线时，正反向运转时对应的动作触点不能接错，否则不能起到反接制动时接通和断开反向电源的作用。

4. 通电运行前的检查

（1）电路安装完成后，结合原理图或接线图从电源开始检查，根据编号逐一检查电路的正确性及接点的安装质量，检查有无漏接或错接。

（2）用万用表的电阻档 R×100 档，进行欧姆调零，测量控制电路，然后根据控制电路工作原理，分析和判断电路装接的正确性。

5. 通电调试

电路装接经测量无误后，方可在指导老师的监护下通电试车。试车时要严格执行电工安全操作规程，穿戴好劳动防护用品，一人监护、一人操作。

6.2.4 任务考评

根据班级人数先分组，然后进行任务实施，实施过程中的任务考评细节参见表6-4。

表6-4 任务考评

项目	评价指标	自评	互评	自评、互评平均分	总分
工作任务（40分）	导线是否有交叉（5分）				
	布局是否合理（5分）				
	控制电路连接正确性（15分）				
	通电是否成功（15分）				
职业素养（15分）	工作服整洁、无饰品或硬质件（5分）				
	正确查阅维修资料和学习材料（5分）				
	8S 素养（5分）				
个人思考和总结（5分）	按照完成任务的安全、质量、时间和8S要求，提出个人改进性建议				
教师评价（40分）		教师评分			

6.2.5 课后习题

1. 简要说明反接制动的制动原理和应用范围。

2. 读图 6-9 中单向起动反接制动控制电路，叙述其工作原理。

3. 读图 6-9 中单向起动反接制动控制电路，反接制动有哪些电器来配合完成？

4. 读图 6-9 中单向起动反接制动控制电路，若接通电源后，按下 SB2 后 KM2 不得电，试分析故障原因，确定故障范围，并简述检修流程。

5. 读图 6-9 中单向起动反接制动控制电路，若接通电源后，按下 SB2 后 KM2 正常得电，但电动机无制动，试分析故障原因，确定故障范围，并简述检修流程。

低压电气控制电路的设计与调试

知识目标：掌握电动机的控制方式、保护方式，元器件选型。

技能目标：电气控制电路的改装与调试；电气控制电路运行检查；电工工具和仪表的使用。

素养目标：能查阅相关资料，养成自觉遵守安全操作规程的习惯，树立既善于独立思考，又注重团队协作的意识。

重点和难点：元器件的选择和电路动作逻辑的设计。

解决方法：原理分析为先导，分析要透彻；操作训练为检验，教师示范操作，学生观摩；学生操作训练，教师指导。

建议学时：6学时。

7.1　任 务 分 析

某机床需要两台电动机拖动，根据该机床的特点，要求两地控制，一台电动机（M1）需要正反转控制，另一台电动机（M2）只需要单向控制，并且还要求M1起动15 s后，M2才能起动；停车逆序停止；两台电动机都具有短路保护、过载保护、失电压保护和欠电压保护。

电动机M1：型号Y132M-6,380 V，7.5 kW，△联结。

电动机M2：型号Y112M-4,380 V，3 kW，丫联结。

设计电气控制电路时，首先要掌握常用控制电路的基本方案，分析所设计机械设备的电气控制要求和保护要求，通过技术分析，选择合理和最佳的控制方案，力求简单合理、工作可靠、维修方便，符合使用的安全性，贯彻最新的国家标准，设计出电气控制电路后，再根据电动机的功率选择元器件的型号和规格，列出明细表，进行采购，最后才可进行安装与调试，以实现控制要求。

7.2　相关知识——电动机的控制与电气电路设计

1. 电动机的控制方式

前面介绍了电动机的各种基本电气控制电路，而生产机械的电气控制电路都是在这些控制电路的基础上，根据生产控制过程的控制要求而设计的，而生产工艺过程必然伴随着一些物理量的变化，根据这些量的变化对电动机实现自动控制。对电动机控制的一般方式，归纳起来，有以下几种：行程控制方式、时间控制方式、速度控制方式和电流控制方式。现分别叙述如下。

（1）行程控制方式

根据生产机械运动部件的行程或位置，利用位置开关来控制电动机的工作状态称为行程控制方式，行程控制方式是机械电气自动化中应用最多和工作原理最简单的一种方式，如位置控制电路和自动循环控制电路都是按行程方式来控制的。

（2）时间控制方式

利用时间继电器按一定时间间隔来控制电动机的工作状态称为时间控制方式。如在电动机的减压起动、制动以及变速过程中，利用时间继电器按一定时间间隔改变电路的接线方式，来自动完成电动机的各种控制要求。这里换接时间的控制信号由时间继电器发出，换接时间的长短根据生产工艺要求或者电动机起动、制动和变速过程的持续时间来整定时间继电器的动作时间，如丫－△减压起动等电路就是按时间方式来控制的。

（3）速度控制方式

根据电动机主电路电流的大小，利用速度继电器来控制电动机的工作状态称为速度控制方式。反映速度变化的电器有多种，直接测量速度的电器有速度继电器和小型测速发电机；间接测量电动机速度的电器，对于直流电动机用其感生电动势来反映，通过电压继电器来控制如反接制动控制电路中制动结束的控制就是利用速度控制方式来实现的。

（4）电流控制方式

根据电动机主电路电流的大小，利用过电流继电器来控制电动机的工作状态称为电流控制方式，如机床横梁夹紧机构的自动控制电路就是按行程控制方式和电流控制方式来控制的。

在确定控制方式时，究竟采用何种控制方式，需要根据设计要求来选择。如在控制过程中，由于工作条件不允许放置行程开关，那么只能将位置控制的物理量转换成时间的物理量，从而采用时间控制方式。又如某些压力、切削力、转矩等物理量，通过转换变换成电流物理量，就可采用电流控制方式来控制这些物理量。因此，尽管实际情况有所不同，只要通过物理量的相互转换，便可灵活地使用各种控制方式。

在实际生产中，反接制动控制中不允许采用时间控制方式，而在能耗制动控制中采用时间控制方式；一般对组合机床和自动生产线等的自动工作循环，为了保证加工精度而常用行程控制；对于反接制动和速度反馈环节用速度控制；对丫－△减压起动或多速电动机的变速控制采用时间控制；对过载保护、电流保护等环节则采用电流控制。

2. 电动机的保护

电动机在运行的过程中，除按生产机械的工艺要求完成各种正常运转外，还必须在电路出现短路、过载、过电流、欠电压、失电压及失磁等现象时，能自动切断电源使电动机停转，以防止和避免电气设备和机械设备损坏，保证操作人员的人身安全。为此，在生产机械的电气控制电路中，采取了对电动机的各种保护措施。常用的电动机保护有短路保护、过载保护、过电流保护、欠电压保护、失电压保护及失磁保护等。

（1）短路保护

当电动机绕组和导线的绝缘损坏、控制电器及电路损坏发生故障时，电路将出短路现象（产生很大的短路电流），使电动机、电器、导线等电气设备严重损坏。因此，在发生短路故障时，保护电器必须立即动作，迅速将电源切断。

常用的短路保护电器是熔断器和断路器。熔断器的熔体与被保护的电路串联，当电路正常工作时，熔断器的熔体不起作用，相当于一根导线，其上面的电压降很小，可忽略不计。当电路短路时，很大的短路电流流过熔体，使熔体立即熔断，切断电动机电源，电动机停转。同样，若电路中接入断路器，当出现短路时，断路器会立即动作，切断电源使电动机停转。

（2）过载保护

当电动机负载过大，起动操作频繁或断相运行时，会使电动机的工作电流长时间超过其额定电流，电动机绕组过热，温升超过其允许值，导致电动机的绝缘材料变脆，寿命缩短，严重时会使电动机损坏。因此，当电动机过载时，保护电器应动作切断电源，电动机停转，避免电动机在过载下运行。

常用的过载保护电器是热继电器。当电动机的工作电流等于额定电流时，热继电器不动作，电动机正常工作；当电动机短时过载或过载电流较小时，热继电器不动作，或经过较长时间才动作；当电动机过载电流较大时，串接在主电路中的热元件会在较短时间内发热弯曲，使串接在控制电路中的常闭触点断开，先后切断控制电路和主电路的电源，使电动机停转。

（3）欠电压保护

当电网电压降低时，电动机便在欠电压下运行。由于电动机载荷没有改变，所以欠电压下电动机转速下降，定子绕组中的电流增加。因为电流增加的幅度尚不足以使熔断器和热继电器动作，所以这两种电器起不到保护作用。如不采取保护措施，时间一长将会使电动机过热损坏。另外，将引起一些电器释放，使电路不能正常工作，也可能导致人身伤害和设备损坏事故。因此，应避免电动机在欠电压下运行。

实现欠电压保护的电器是接触器和电磁式电压继电器。在机床电气控制电路中，只有少数电路专门装设了电磁式电压继电器以起到欠电压保护作用；而大多数控制电路，由于接触器已兼有欠电压保护功能，所以不必再加设欠电压保护电器。一般当电网电压降低到额定电压的85%以下时，接触器（或电压继电器）线圈产生的电磁吸力减小到小于复位弹簧的拉力，动铁心被迫释放，其主触点和自锁触点同时断开，切断主电路和控制电路电源，使电动机停转。

（4）失电压保护（零电压保护）

生产机械在工作时，由于某种原因而发生电网突然停电，这时电源电压下降为零，电动机停转，生产机械的运动部件也随之停止运转。一般情况下，操作人员不能及时拉开电源开关，如不采取措施，当电源电压恢复正常时，电动机便会自行起动运转，可能造成人身伤害和设备损坏事故，并引起电网过电流和瞬间网络电压下降。因此，必须采取失电压保护措施。

在电气控制电路中，起失电压保护作用的电器是接触器和中间继电器。当电网停电时，接触器和中间继电器线圈中的电流消失，电磁吸力减小为零，动铁心释放，触点复位，切断了主电路和控制电路电源。当电网恢复供电时，若不重新按下启动按钮，则电动机就不会自行起动，实现了失电压保护。

（5）过电流保护

为了限制电动机的起动或制动电流，在直流电动机的电枢绕组中或在交流绕线转子异步电动机的转子绕组中需要串入附加的限流电阻。如果在起动或制动时，附加电阻被短接，将会造成很大的起动或制动电流，使电动机或机械设备损坏。因此，对直流电动机或绕线转子异步电动机常常采用过电流保护。

过电流保护常用电磁式过电流继电器来实现。当电动机过电流值达到电流继电器的动作值时，过电流继电器动作，使串接在控制电路中的常闭触点断开切断控制电路，电动机随之脱离电源停转，达到了过电流保护的目的。

（6）失磁保护

直流电动机必须在有一定强度的磁场下才能起动正常运转。若在起动时，电动机的励磁电流太小，产生的磁场太弱，将会使电动机的起动电流很大；若电动机在正常运转过程中，磁场突然减弱或消失，电动机的转速将会迅速升高，甚至发生"飞车"。因此，在直流电动机的电气控制电路中要采取失磁保护。失磁保护是在电动机励磁回路中串入失磁继电器（即欠电流继电器）来实现的。在电动机起动运行过程中，当励磁电流值达到失磁继电器的动作值时，欠电流继电器就吸合，使串接在控制电路中的常开触点闭合，允许电动机起动或维持正常运转；当励磁电流减小或消失时，失磁继电器就释放，其常开触点断开，切断控制电路，接触器线圈失电，电动机断电停转。

3. 电气控制电路的设计原则及方法

（1）设计原则

1）电气设备应最大限度地满足机械设备对电气控制电路的控制要求和保护要求。

2）在满足生产工艺要求的前提下，应力求使控制电路简单、经济、合理。

3）保证控制的可靠性和安全性。

4）操作和维修方便。

（2）设计步骤

1）分析设计要求。

2）确定拖动方案和控制原则。

3）设计主电路。

4）设计控制电路。

5）将主电路与控制电路合并成一个整体。

6）检查与完善。

（3）设计方法

设计电气控制电路是在拖动方案和控制方式确定后进行的。继电器接触式基本控制电路的设计方法通常有两种：一种是经验设计法，另一种是逻辑设计法。

经验设计法是根据生产工艺要求与工艺过程，将现已成型的典型基本控制电路组合起来，并加以补充修改，综合成所需的控制电路。这种设计方法比较简单，但是要求设计者必须熟悉大量的基本控制电路，同时又要掌握一定的设计方法和技巧。在设计过程中往往还要经过多次反复修改，才能使电路符合设计要求。这种设计方法灵活性比较大，初步设计时，设计出来的功能不一定完善，此时要加以比较分析，根据生产工艺要求逐步完善，并加以适当的联锁和保护环节。经验设计法的设计顺序为：主电路→控制电路→信号及照明电路→联锁与保护电路→总体检查与完善，最后再根据实际需要选择所用电器的型号与规格。

逻辑设计法是根据生产工艺要求，利用逻辑代数来分析、设计电路。这种设计方法虽然设计出来的电路比较合理，但是掌握这种方法的难度比较大，一般情况下不用，只是在完成较复杂生产工艺要求所需的控制电路时才使用。

4. 电气控制电路设计的一般要求

（1）合理选择控制电源

当控制电器较少，控制电路较简单时，控制电路可直接使用主电路电源，如 380 V 或 220 V 电源。当控制电器较多、控制电路较复杂时，通常采用控制变压器，将控制电压降低到 220 V 或 110 V 及以下。对于要求吸力稳定又操作频繁的直流电磁器件，如液压阀中的电磁铁，必须采用相应的直流控制电源。

（2）尽量缩减电器的数量

采用标准件和尽可能选用相同型号的电器设计电路时，应减少不必要的触点以简化电路，提高电路的可靠性。若把图 7-1a 所示电路改接成图 7-1b 所示电路，就可以减少一个触点。

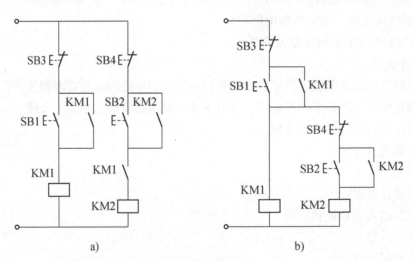

图 7-1　简化电路触点
a）不合理　b）合理

（3）尽量减少和缩短连接导线的数量和长度

设计电路时，应考虑到各元器件之间的实际接线，特别要注意电气柜、操作台和行程开关之间的连接线。例如，图 7-2a 所示的接线就不合理，因为按钮通常是安装在操作台上，而接触器是安装在电气柜内，所以按此电路安装时，由电气柜内引出的连接线势必两次引接到操作台上的按钮处。因此合理的接法应当是把启动按钮和停止按钮直接连接，而不经过接触器线圈，如图 7-2b 所示，这样就减少了一次引出线。

（4）正确连接电器的线圈

在交流控制电路的一条支路中不能串联两个电器的线圈，如图7-3a所示。既使外加电压是两个线圈额定电压之和，也是不允许的。因为每个线圈上所分配到的电压与线圈阻抗成正比，两个电器需要同时动作时，其线圈应该并接，如图7-3b所示。

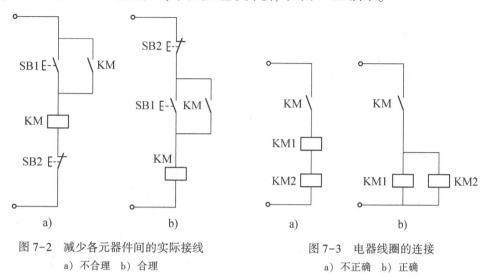

图7-2　减少各元器件间的实际接线
a）不合理　b）合理

图7-3　电器线圈的连接
a）不正确　b）正确

（5）正确连接电器的触点

同一个电器的常开和常闭辅助触点靠得很近，如果连接不当，将会造成电路工作不正常。如图7-4a所示接线，行程开关SQ的常开触点和常闭触点由于不是等电位，当触点断开产生电弧时很可能在两对触点间形成飞弧而造成电源短路。因此，在一般情况下，将共用同一电源的所有接触器、继电器以及执行电器线圈的一端，均接在电源的一侧，而这些电器的控制触点接在电源的另一侧，如图7-4b所示。

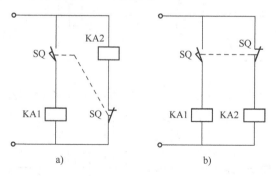

图7-4　连接电器的触点
a）不合理　b）合理

（6）减少工作时电器通电的数量

在满足控制要求的情况下，应尽量减少电器通电的数量。图7-5a、b均是电动机定子绕组串电阻减压起动电路。电动机起动，图7-5a中，KM1和KT失去作用后仍需长期通电，而图7-5b中，电动机起动，KM1和KT失去作用后即断电，减少了工作时电器通电的数量。

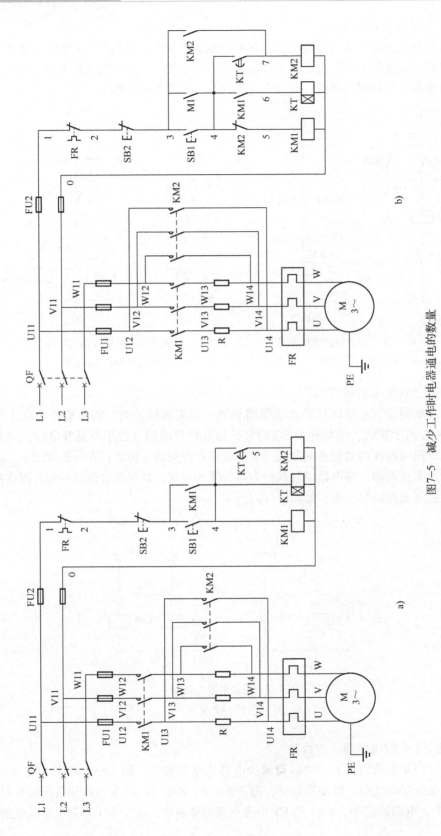

图7-5 减少工作时电器通电的数量

（7）避免多个电器依次动作后才接通另一个电器

应尽量避免采用多个电器依次动作后才能接通另一个电器的控制电路。如图 7-6a、b 所示电路中，中间继电器 KA1 得电动作后，KA2 才动作，而后 KA3 才能得电动作。KA3 的得电动作要通过 KA1 和 KA2 两个电器的动作，若换接成图 7-6c 所示电路，KA3 的动作只需 KA1 电器动作，故工作可靠。

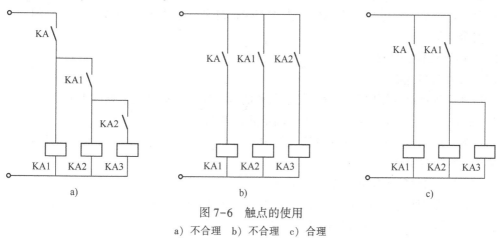

图 7-6 触点的使用
a）不合理 b）不合理 c）合理

（8）在控制电路中应避免出现寄生回路

在控制电路的动作过程中，非正常接通的电路叫作寄生回路。在设计电路时要避免出现寄生回路。因为它会破坏元器件和控制电路的动作顺序。图 7-7 所示电路是一个具有指示灯和过载保护的正反转控制电路。在正常工作时，能完成正反转起动、停止和信号指示。但当热继电器 FR 动作时，电路就出现了寄生回路。这时虽然 FR 的常闭触点已断开，由于存在寄生回路，仍有电流沿图 7-7 中虚线所示的路径流过 KM1 线圈，使正转接触器 KM1 不能可靠释放，起不到过载保护作用。

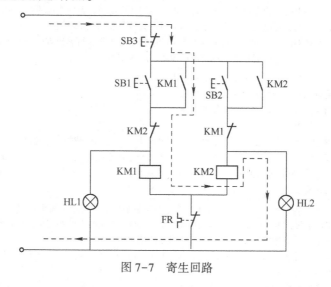

图 7-7 寄生回路

（9）保证控制电路工作可靠和安全

保证控制电路工作可靠，最主要的是选用可靠的元器件。如选用电器时，尽量选用机械和电气寿命长、结构合理、动作可靠、抗干扰性能好的电器。在电路中采用小容量继电器的触点断开和接通大容量接触器的线圈时，要计算继电器触点断开和接通容量是否足够。若不够，必须加大继电器容量或增加中间继电器，否则工作不可靠。

（10）电路应具有必要的保护环节

控制电路应保证即使在误操作情况下也不致造成事故。一般应根据电路的需要选用过载、短路、过电流、过电压、失电压、失磁等保护环节，必要时还应考虑设置合闸、断开、事故、安全等指示信号。

5. 常用元器件的选择

（1）元器件的选择

元器件的选择对控制电路的设计是很重要的，元器件的选择应遵循以下原则：

1）根据对控制元器件功能的要求，确定元器件的类型。

2）确定元器件承受能力的临界值及使用寿命。主要是根据控制的电压、电流及功率的大小来确定元器件的规格。

3）确定元器件的工作环境及供应情况。

4）确定元器件在使用时的可靠性，并进行一些必要的计算。

（2）常用电气电路元器件的选择（表7-1）

表7-1 常用电气电路元器件的选择

电器名称	选择一般要求
刀开关	（1）刀开关（开启式负荷开关）的额定电压不小于电路工作电压 （2）用于照明、电热负载的控制时，开关额定电流不小于全部负载额定电流之和 （3）用于控制电动机时，开关额定电流不小于电动机额定电流的3倍
组合开关	（1）组合开关的额定电压不小于电路工作电压 （2）用于照明、电热负载的控制时，开关额定电流不小于全部负载额定电流之和 （3）用于控制电动机时，开关额定电流不小于电动机额定电流的1.5~2.5倍
断路器	（1）自动断路器的工作电压不小于电路或电动机的额定电压，额定电流不小于电路的实际工作电流 （2）热脱扣器的整定电流等于所控制的电动机或其他负载的额定电流 （3）电磁脱扣器的瞬时动作整定电流大于负载电路正常工作时可能出现的峰值电流 （4）自动断路器欠电压脱扣器的额定电压等于电路额定电压
熔断器	（1）熔断器的额定电压不小于电路的额定电压 （2）额定电流不小于所装熔体的额定电流 （3）分断能力应大于电路中最大短路电流 （4）熔体额定电流选择 ① 用于照明、电热负载的控制时，熔体额定电流不小于全部负载额定电流之和 ② 用于单台电动机的短路保护，熔体额定电流不小于电动机额定电流的1.5~2.5倍 ③ 用于多台电动机的总短路保护，熔体额定电流不小于1.5~2.5倍最大功率电动机额定电流加上其余电动机额定电流之和
接触器	（1）交（直）流负载选交（直）流接触器。如控制系统中主要是交流电动机，而直流电动机或直流负载的容量比较小时，也可以全选用交流接触器进行控制，但是触点的额定电流应适当大一些 （2）接触器主触点的额定电压不小于负载回路的额定电压 （3）控制电阻性负载时，主触点的额定电流等于负载的工作电流；控制电动机时，主触点的额定电流不小于电动机的额定电流 （4）接触器吸引线圈电压等于控制电路电压 （5）接触器触点的数量、种类应满足控制电路的要求 （6）接触器使用在频繁起动、制动和频繁可逆的场合时，一般可选用大一个等级的交流接触器

（续）

电器名称	选择一般要求
热继电器	（1）热继电器的额定电压不小于电动机的额定电压；额定电流不小于电动机的额定电流 （2）在结构形式上，一般都选三相结构；对于三角形联结的电动机，可选用带断相保护装置的热继电器 （3）热继电器的整定电流为电动机额定电流的 0.95~1.05 倍
按钮	（1）根据使用场合选择按钮的种类，如开启式、保护式等 （2）根据用途选用合适的形式，如一般式、旋钮式等 （3）根据控制电路需要，确定不同的按钮数，如单联按钮、双联按钮等 （4）按工作状态指示和工作情况要求，选择按钮和指示灯的颜色
位置开关	（1）根据使用场合选择位置开关的种类和形式 （2）根据控制电路需要，确定不同开关的数量
时间继电器	（1）根据系统的延时范围和精度选择时间继电器的类型和系列 （2）根据控制电路的要求选择时间继电器的延时方式（通电延时或断电延时），考虑电路对瞬时触点的要求 （3）根据控制电路电压选择时间继电器吸引线圈的电压
中间继电器	中间继电器的额定电流应满足被控电路的要求；继电器触点的品种和数量必须满足控制电路的要求。另外，还要注意核查一下继电器的额定电压和励磁线圈的额定电压是否适用
制动电磁铁	（1）制动电磁铁取电应遵循就近、容易、方便的原则。当制动装置的动作频率超过 300 次/h，应选用直流电磁铁 （2）制动电磁铁行程的长短，主要根据机械制动装置制动转矩的大小、动作时间的长短及安装位置来确定 （3）串励电动机的制动装置都是采用串励制动电磁铁，并励电动机的制动装置则采用并励制动电磁铁有时为安全起见，在一台电动机的制动中，既用串励制动电磁铁，又用并励制动电磁铁 （4）制动电磁铁的形式确定以后，要进一步确定容量、吸力、行程和回转角等参数
控制变压器	（1）控制变压器一、二次电压应符合交流电压、控制电路和辅助电路电压的要求 （2）保证接在变压器二次侧的交流电磁器件起动时可靠地吸合 （3）电路正常运行时，变压器的温升不应超过允许值
整流变压器	（1）整流变压器一次电压应与交流电源电压相等，二次电压应满足直流电压的要求 （2）整流变压器的容量要根据直流电压、直流电流来确定，二次侧的交流电压、交流电流与整流方式有关
机床工作灯和信号灯	（1）根据机床机构、电源电压、灯泡功率、灯头形式和灯架长度，确定所用的工作灯 （2）信号灯的选用主要是确定其额定电压、功率、灯壳、灯头型号、灯罩颜色及附加电阻的功率和阻值等参数。可用各种型号发光二极管替代信号灯，它具有工作电流小、能耗小、寿命长、性能稳定等优点
接线板	根据连接电路的额定电压、额定电流和接线形式，选择接线板的形式与数量
导线	根据负载的额定电流选用多股铜心软线，考虑其强度，不能采用 0.75 mm² 以下的导线（弱电电路除外）；应采用不同颜色的导线表示不同电压及主、辅电路

7.3 任务实施

本设备设计要求是具有两地控制、正反转控制、顺序起动和逆序停止，并且具有短路保护、过载保护、失电压保护和欠电压保护，无调速控制要求和制动控制要求。通过分析设计要求，本设备的电气控制电路设计属于基本控制电路的组合。

1. 主电路设计

根据本设备的设计要求，主电动机 M1 需要正反转控制，故选择接触器控制的正反转电路，顺序起动、逆序停止的控制要求放在控制电路中实现，主电路中 M1、M2 的短路保护由 FU1 实现，M1、M2 的过载保护分别由 FR1、FR2 实现，欠电压和失电压保护由接触器 KM1、KM2 和 KM3 来分别实现，本设备要求 M1 起动 15s 后 M2 才能起动，所以采用时间继电器来实现时间控制。设计的主电路的草图如图 7-8 所示。

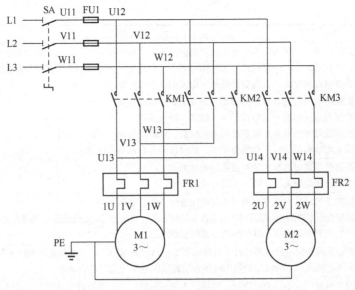

图 7-8 主电路

2. 控制电路设计

对主电动机采用双重联锁接触器联锁正反转控制；对顺序控制采取通电延时时间继电器进行控制；对于逆序停止采用将 KM3 的辅助常开触点与停止按钮 SB1 并联的形式来实施；由于需要 KM3 的三个辅助触点，可采用加装中间继电器给予解决，具体控制电路图如图 7-9 所示。

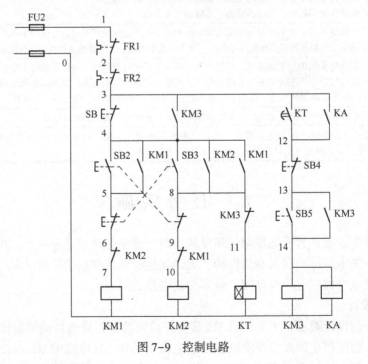

图 7-9 控制电路

3. 主电路与控制电路合并

将主电路与控制电路合并到一起，如图 7-10 所示。

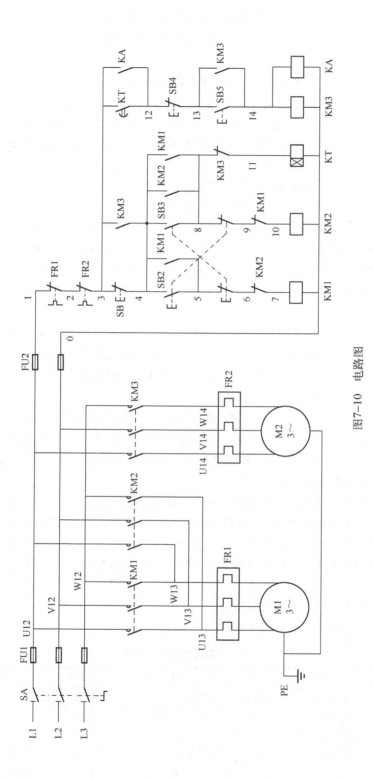

图7-10 电路图

4. 检查与完善

控制电路初步设计完成后，可能还有不合理、不可靠、不安全的地方，应当根据经验和控制要求对电路进行认真仔细的校核，以保证电路的正确性和实用性。

5. 选择元器件

本设备的元器件选择见表7-2，选择依据作如下说明。

（1）本设备主要考虑电动机 M1 和 M2 的起动电流，选择三级转换开关（组合开关）作为电源开关。M1 电动机的额定电流为 7.5 A×2＝15 A，M2 电动机的额定电流为 3 A×2＝6 A，根据组合开关的选择原则，其额定电流应大于等于 15 A×（1.5～2.5）＋6 A＝36 A（取系数为2），可选 HZ10-60/3 型，额定电流为 60 A。

注：电动机额定电流的估算方法为额定电流为额定功率的2倍。

（2）根据电动机 M1 和 M2 的额定电流，电动机 M1 选择额定电流为 20 A 的热继电器，其整定电流为 M1 的额定电流，选择 15A 的整定电流，其调节范围为 10 A～13 A～16 A，由于电动机采用丫联结，应选择带断相保护的热继电器。因此，可选用型号为 JR16—20/3D。电动机 M2 选择额定电流为 20A 的热继电器，其整定电流为 M2 的额定电流，选择 6A 的整定电流，其调节范围为 4.5 A～6 A～7.2 A，由于电动机采用丫联结，应选普通的热继电器。因此，可选用型号为 JR16—20/3。

（3）由于电动机 M1 功率为 7.5 kW，因此，KM1、KM2 可选择 CJ10—20/3 的交流接触器，主触点的额定电流为 20 A，线圈电压为 380 V；电动机 M2 的功率为 3 kW，则 KM3 选择 CJ10—10/3 的交流接触器，主触点的额定电流为 10 A，线圈电压为 380 V，中间继电器 KA 选用 JZ7 系列，其线圈电压也为 380 V。

（4）根据设计要求熔断器 FU1 对 M1 和 M2 进行总短路保护，根据 M1 和 M2 的额定电流，其熔体的额定电流应大于等于 15 A×（1.5～2.5）＋6 A＝36 A（取系数为2），选用 RL1—60 型熔断器，配用额定电流为 40 A 的熔体。FU2 对控制电路进行短路保护，选用 RL1—15 型熔断器，配用额定电流为 4 A 的熔体。

（5）三个启动按钮选用绿色或黑色，两个停止按钮选用红色 LA4—3H 型按钮。

（6）本设计任务要求延时 60 s，故选用通电延时的 ST3PA 型晶体管时间继电器。

（7）导线截面积的选择，因主电路最大电流可达 21 A，又采用槽板走线，所以，主电路导线可选择 BVR-4 mm²，控制电路电流较小，可选 BVR-1 mm² 导线，按钮选 BVR＞0.75 mm² 导线。

（8）根据电路图，画出元器件布置图。

（9）安装控制电路，并进行安装调试。

表 7-2　元器件选择明细表

序号	代号	名　称	型　号	规　格	数量	备　注
1	M1	电动机	Y132M—6	7.5 kW，380 V，△联结	1	驱动
2	M2	电动机	Y112M—4	3 kW，380 V，丫联结	1	驱动
3	SA	组合开关	HZ10—60/3	60 A，380 V	1	电源总开关
4	FU1	熔断器	RL1—60/40	60 A、熔体 40 A	3	主电路短路保护
5	FU2	熔断器	RL1—15/4	15 A、熔体 4 A	2	控制电路短路保护
6	KM1、KM2	交流接触器	CJ10—20/3	20 A、线圈电压 380 V	1	控制 M1 正反转

（续）

序号	代号	名　　称	型　号	规　　格	数量	备　注
7	KM3	交流接触器	CJ10—10/3	10 A、线圈电压 380 V	1	控制 M2
8	FR1	热继电器	JR16—20/3D	20 A、整定电流 15 A	1	Ml 过载保护
9	FR2	热继电器	JR16—20/3	20 A、整定电流 6 A	1	M2 过载保护
10	KT	时间继电器	ST3PA	15 s、线圈电压 380 V	1	控制时间
11	KA	中间继电器	JZ1—44	线圈电压 380 V	1	增加触点
12	SB1~SB3	按钮	LA4—3H	三联按钮	1	M1 正反转、停操作
13	SB4~SB5	按钮	LA4—3H	三联按钮	1	M2 起动、停止操作

7.4　任务考评

对任务完成情况进行检查，并将结果填入表7-3。

表7-3　任务测评

项目	评价指标	自评	互评	自评、互评平均分	总分
工作任务（40分）	导线是否有交叉（5分）				
	布局是否合理（5分）				
	控制电路连接正确性（15分）				
	通电是否成功（15分）				
职业素养（15分）	工作服整洁、无饰品或硬质件（5分）				
	正确查阅维修资料和学习材料（5分）				
	8S 素养（5分）				
个人反思（5分）	按照完成任务的安全、质量、时间和8S要求，提出个人改进性建议				
教师评价（40分）		教师评分			

7.5　课后习题

1. 电动机的控制方式有哪些？请简要介绍。

2. 电动机的保护有哪些？

3. 电气控制电路的设计原则有哪些？

4. 电气控制电路一般有什么样的设计要求？

5. 常用元器件的选择应该遵循什么原则？

→ 项目 **8** ←

CA6150型卧式车床电气控制电路

任务 8.1　认识 CA6150 型卧式车床

知识目标：了解 CA6150 型卧式车床的结构、运动形式及电气控制要求，会分析 CA6150 型卧式车床电气控制电路工作原理。

技能目标：能识别 CA6150 型卧式车床的电气元器件并熟练操作 CA6150 型平面磨床。

素养目标：养成自觉遵守安全操作规程的习惯，树立既善于独立思考，又注重团队协作的意识。

重点和难点：CA6150 型卧式车床电气控制电路工作原理及安全操作。

解决方法：原理分析为先导，分析要透彻；操作训练为检验，教师示范操作，学生观摩；学生操作训练，教师指导。

建议学时：2 学时。

8.1.1　任务分析

车床是一种应用极为广泛的金属切削机床，可用于车削内圆、外圆、端面、螺纹、螺杆及成形表面，并可以在尾座上安装钻头或铰刀进行钻孔或铰孔等加工。作为机床维修人员，要能快速、准确地分析、检测和排除 CA6150 型卧式车床的电气故障。

8.1.2　相关知识——CA6150 型卧式车床

1. CA6150 型卧式车床的规格

床身上最大回转直径：500 mm。

刀架上最大回转直径：318 mm。

中心距：1000 mm、1500 mm。

主轴孔径：ϕ52 mm。

小刀架行程：150 mm。

2. CA6150 型卧式车床主要结构

CA6150 的外形图如图 8-1 所示，主要由床身、主轴变速箱、挂轮箱、进给箱、溜板箱、溜板与刀架、尾架、光杠和丝杠等部件组成。

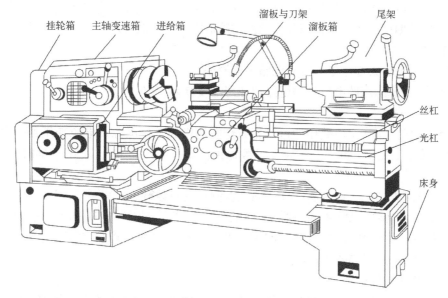

图 8-1　CA6150 型卧式车床的外形结构

3. CA6150 型卧式车床的运动形式

（1）主运动

在实际设备中为工件的旋转运动，由主轴电动机带动工件进行旋转和刀具的进给，模拟机床通过主轴电动机的正反转来体现实际设备的主运动。

车床主运动为工件的旋转运动，是主轴通过卡盘带动工件旋转，承受车削加工时的主要切削功率。一般不要求反转，但在加工螺纹时，为避免乱扣，需要反转退刀，所以要求主轴能正反转。主轴正反转是电气和机械配合实现的。

（2）进给运动

M3 为进给电动机，由接触器 KM5 进行控制，行程开关 SQ 为 KM5 提供开关量。当 SQ 闭合时，接触器 KM5 得电吸合，M3 进给电动机运动，来模拟机床设备的进给。

车床进给运动是溜板带动刀架的纵向和横向直线运动，其运动方式有手动和机动两种。车床溜板箱与主轴箱之间通过齿轮传动来连接，且主轴运动和进给运动由同一台电动机拖动。车床的辅助运动有刀架的快速移动及工件的夹紧与放松。

（3）冷却系统

M2 为冷却泵电动机，控制该电动机的 KM4 具有得电自锁功能，模拟实际机床中的机床刀具的冷却降温。因为冷却需长时间运行，所以 KM4 可以自锁，SB5、SB6 控制该电动机的运行。

4. CA6150 型卧式车床电气控制要求

主轴的正反转通过电动机正反装形式予以实现，未采用传统的机械齿轮箱进行正反转，这样大大缩小了设备体积和质量，同时也降低了机械部分的故障率，但同时也对电气回路提出了更高的要求。

主电动机的制动采用了电气反接制动形式，速度继电器为该功能提供必要的速度信号。

接触器之间有联锁保护，确保 KM1、KM2 接触器不会同时闭合，引发短路故障。

控制电路与主电路之间用控制变压器进行电气隔离，提高设备安全性。

模拟设备的电动机功率均按照比例进行减小，不易产生过载，提高了安全性，同时也保证了设备可以长期稳定运行，但因此会缩减排除故障中的过载故障，也造成电动机过载后热继电器难以动作。

5. CA6150 型卧式车床电气控制电路工作原理

CA6150 型卧式车床的电气控制电路图如图 8-2 所示。

（1）主电路分析

CA6150 型卧式车床主电路中四台三相异步电动机的工作电源及电源变压器一次侧输入电源由断路器 QF1 控制，并兼有短路、过载保护作用。熔断器 FU1 为 M3、M4 的分级短路保护。

1）主轴电动机 M1 由接触器 KM1、KM2 控制正反转运行。

2）润滑油泵电动机 M2 由断路器 QF2 控制单向运行，并对其实现短路、过载保护。

3）冷却液电动机 M3 由接触器 KM3 控制单向运行，热继电器 FR 过载保护。

4）快速移动电动机 M4 由凸轮开关 SA1 控制正反转运行。

（2）控制电路分析

1）主轴正反转控制。控制前的准备如下：闭合电源开关 QF1 通电指示 HL 亮，主轴电磁抱闸制动器 YB 得电。闭合润滑油泵控制开关 QF2，以确保在车床运行前齿轮箱润滑系统先运行，车床控制电路中设有 QF2 常开触点（5-6），起到顺序控制作用。

主轴正反转控制过程中，主电动机 M1 的转向变换是由主令开关 SA2 来实现，而主轴的转向与主电动机 M1 的转向无关，主轴的转向取决于操作手柄和相对应的位置开关 SQ3、SQ4、SQ5、SQ6 的触点状态及继电器、电磁离合器所产生的相应动作。

控制过程如下：将主电动机正反转主令开关 SA2 打到正转位置，按下 SB3。

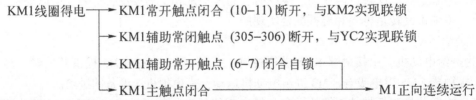

KM1线圈得电 ┬→ KM1常开触点闭合（10-11）断开，与KM2实现联锁

　　　　　　├→ KM1辅助常闭触点（305-306）断开，与YC2实现联锁

　　　　　　├→ KM1辅助常开触点（6-7）闭合自锁 ┐

　　　　　　└→ KM1主触点闭合 ─────────────────────→ M1正向连续运行

主电动机 M1 起动并正向运行，此时电磁离合器 YC1、YC2 的线圈未得电，与主电动机处于脱开状态，主轴与主电动机无机械联系，主轴不转动。

操作走刀箱或溜板箱操作手柄 SQ3、SQ5 或 SQ4、SQ6，使 YC1、YC2 的线圈通过中间继电器 KA1 或 KA2 的动作而得电，主轴与主电动机建立机械联系实现主轴的定向运行。

具体控制过程，走刀箱手柄"向上"操作，SQ2 常开触点（14-15）闭合，同时 SQ1 常闭触点（7-13）和 SQ2 常闭触点（13-14）复位闭合。

KA1线圈得电 ┬→ KA1常闭触点（14-18）断开，与KA2实现联锁

　　　　　　├→ KA1常闭触点（307-308）断开 → YB线圈失电 → 主轴制动解除

　　　　　　├→ KA1常开触点（14-17）闭合自锁

　　　　　　└→ KA1常开触点（301-303）断开 → YC2线圈得电 → 电磁离合器动作，主轴正转

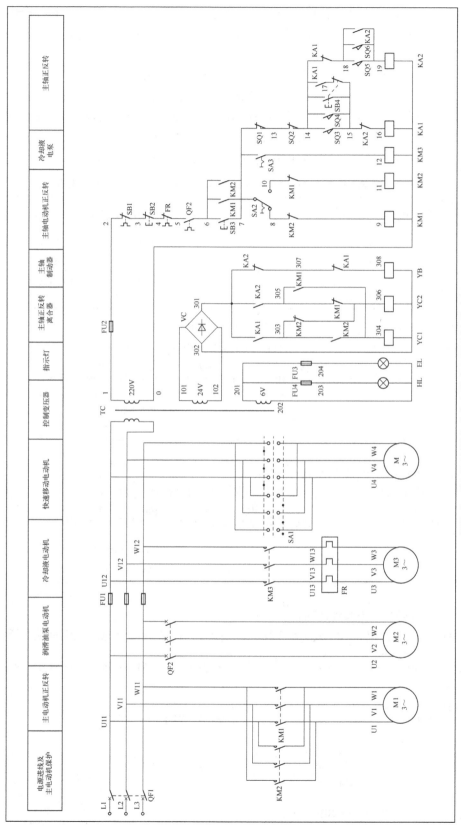

图8-2 CA6150型卧式车床的电气控制电路图

当 KM1 得电动作，主轴反转控制与正转控制相似。即走刀箱手柄"向下"操作，SQ5 常开触点（18-19）闭合，同时 SQ1 常闭触点（7-13）和 SQ2 常闭触点（13-14）复位闭合。

$$KA2线圈得电 \begin{cases} \rightarrow YB线圈失电 \rightarrow 主轴制动解除 \\ \rightarrow YC1线圈得电 \rightarrow 电磁离合器动作，主轴反转 \end{cases}$$

由上述控制过程可看出：主轴正反转是由电磁离合器与机械的配合而决定的。KM1 得电或 KM2 得电，主电动机正反向运行，通过操作手柄都可实现主轴的正反两个方向运行，表 8-1 给出了主电动机转向、主轴转向控制过程中各电气元器件之间的关系。

表 8-1　主电动机转向、主轴转向控制过程中各电气元器件之间的关系表

SA2 开关选择	主电动机转向	操作手柄位置	手柄开关	通用继电器	电磁离合器	主轴转向
KM1 吸合	正转	向右（或向上）	SQ3（或 SQ4）压合	KA1 吸合	YC2 通电	正转
		向左（或向下）	SQ5（或 SQ6）压合	KA2 吸合	YC1 通电	反转
KM2 吸合	反转	向右（或向上）	SQ3（或 SQ4）压合	KA1 吸合	YC1 通电	正转
		向左（或向下）	SQ5（或 SQ6）压合	KA2 吸合	YC2 通电	反转

主轴正反转控制各继电器、电磁离合器线圈得电的电流回路。

① SA2（7-8）闭合，按下 SB3，KM1 线圈得电的电流回路如下：

$$TC \xrightarrow{1\#} FU2 \xrightarrow{2\#} SB1 \xrightarrow{3\#} SB2 \xrightarrow{4\#} FR \xrightarrow{5\#} QF2 \xrightarrow{6\#} SB3 \xrightarrow{7\#} SB2$$
$$\xrightarrow{\quad} KM1 \quad$$
$$（自锁支路）$$

$$\xrightarrow{8\#} KM2 \xrightarrow{9\#} KM1线圈 \xrightarrow{0\#} TC$$

② SA2（7-10）闭合，按下 SB3，KM2 线圈得电的电流回路如下：

$$TC \xrightarrow{1\#} FU2 \xrightarrow{2\#} SB1 \xrightarrow{3\#} SB2 \xrightarrow{4\#} FR \xrightarrow{5\#} QF2 \xrightarrow{6\#} SB3 \xrightarrow{7\#} SB2$$
$$\xrightarrow{\quad} KM2 \quad$$
$$（自锁支路）$$

$$\xrightarrow{8\#} KM1 \xrightarrow{9\#} KM2线圈 \xrightarrow{0\#} TC$$

③ KM1 或 KM2 得电，SB3 或 SB4（14-15）闭合，KA1 线圈得电的电流回路如下：

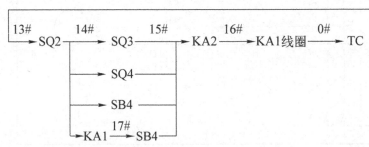

④ KM1 或 KM2 得电，SB5 或 SB6（18-19）闭合，KA2 线圈得电的电流回路如下：TC →14#是与 KA1 得电的公共电路，独立得电。

$$\xrightarrow{14\#} KA1 \xrightarrow{18\#} \begin{array}{c} SQ5 \\ SQ6 \\ KA2 \end{array} \xrightarrow{19\#} KA2线圈 \xrightarrow{0\#} TC$$

⑤ KM1 或 KM2 和 KA1 或 KA2 相继得电后，电磁离合器线圈得电的电流回路如下：

YC1 得电的电流回路：$VC \xrightarrow{301\#} KA2 \xrightarrow{305\#} KM1 \xrightarrow{304\#} YC1线圈 \xrightarrow{302\#} VC$

YC2 得电的电流回路：$VC \xrightarrow{301\#} KA1 \xrightarrow{303\#} KM2 \xrightarrow{306\#} YC2线圈 \xrightarrow{302\#} VC$

2）主轴制动控制。断开 SQ1 或 SQ2 → KA1 或 KA2 线圈失电→ KA1 常闭触点（301 — 307）复位闭合，KA2 常闭触点（307—308）复位闭合→电磁制动器 YB 线圈得电，实现对主轴的制动控制。

3）主电动机停止控制。主轴停止及制动只是主轴与主电动机脱离机械联系，主轴停转，主电动机仍旧运行。主轴停止，按下 SB1 或 SB2（两地控制）KM1 或 KM2 线圈失电，KM1 或 KM2 主触点断开，主电动机失电停止运行。

4）主轴点动控制。

主电动机运行的前提下按下SB4 —→ SB4常闭触点（15-17）先断开切断自锁支路
　　　　　　　　　　　　　└→ SB4常闭触点（14-15）后闭合 —→ KA1线圈

得电—→KA1常开触点（301-303）—→ YC2线圈得电—→主轴在主电动机的拖动下运行。由于主轴"正点"和"反点"均是控制 KA1 线圈的得、失电，因此主轴点动转向取决于 KM1 和 MK2 的得、失电，由主令开关 SA2 控制。

松开 SB4，KA1、YC1 或 YC2 相继失电，点动控制结束。

5）冷却泵电动机控制。

主电动机运行的前提下，闭合 SA3→KM3 线圈得电→KM3 主触点闭合→M3 单相连续运行。（SA3 是自锁式旋钮，能实现连续运行控制）

（3）联锁保护环节

1）主电动机 M1 正反转控制中采用主令开关手柄实现机械联锁，并利用接触器 KM1 和 KM2 的辅助常闭触点实现接触器联锁。

2）主轴正反转控制中采用操纵杆控制 SQ3、SQ4、SQ5、SQ6 实现机械联锁，利用中间继电器 KA1、KA2 的常闭触点实现继电器联锁。

3）电磁离合器 YC1 和 YC2 间，利用 KM1 和 KM2 的辅助常开、常闭触点以及 KA1 和 KA2 的常开触点实现控制电路联锁。

4）主轴运行与主轴制动控制由 KA1 和 KA2 的常开、常闭触点来实现联锁。

8.1.3　任务实施

1. 认识 CA6150 型卧式车床的电气元器件

（1）电动机

【主电动机】：M1，型号：Y132M-4，额定功率：7.5 kW。

【润滑油泵电动机】：M2，型号：A05624，额定功率：120 W。

【冷却液电动机】：M3，型号：KSB-25，额定功率：125 W。

【快速移动电动机】：M4，型号：YSS2534，额定功率：250 W。

由于四台三相异步电动机均为小功率，所以在控制过程中都采用直接起动的方式。

（2）电源

【总电源】：采用三相四线低压工频电（50Hz），即 L1、L2、L3（380 V/220 V），作为 M1～M4 的工作电源。

【控制电源】：由电源变压器 TC（380 V/110 V）提供。交流 110 V 作为继电器线圈工作电源。

【照明电源】：由电源变压器 TC（380 V/24 V）提供。交流 24 V 作为局部照明灯 EL 的电源。

【电磁离合器电源】：由电源变压器 TC（380 V/24 V）提供。交流 24 V 经二极管桥式整流输出直流电源 DC 21.6 V，作为电磁离合器工作电源。

【信号指示电源】：由电源变压器 TC（380 V/6 V）提供。交流 6 V 作为通电信号指示灯 HL 的电源。

2. 观摩 CA6150 型卧式车床的操作

1）查看各电气元器件上的接线是否牢固，各熔断器是否安装良好。

2）独立安装好接地线，设备下方垫好绝缘垫并将所有开关置分断位置。

3）插上三相电源，参看电气原理图。

4）先合上装置左侧的总电源开关，按下主控电源板上的"起动"按钮，合上低压断路开关 QF，"电源"指示灯亮。

5）将照明开关 SA1 旋到"开"的位置，"照明"指示灯亮，将 SA1 旋到"关"，照明指示灯灭。

6）按下"主轴起动"按钮 SB2，KM1 吸合，主轴电动机转，"主轴起动"指示灯亮，按下"主轴停止"按钮 SB1，KM1 释放，主轴电动机停转。

7）冷却泵控制。

按下 SB2 将主轴起动。

将冷却泵开关 SA2 旋到"开"位置，KM2 吸合，冷却泵电动机转动，"冷却泵起动"指示灯亮，将 SA2 旋到"关"，KM2 释放，冷却泵电动机停转。

8）快速移动电动机控制。

按下 SB3，KM3 吸合，"刀架快速移动"指示灯亮，快速移动电动机转动。

松开 SB3，KM3 释放，"刀架快速移动"指示灯灭，快速移动电动机停止。

8.1.4 任务考评

对任务完成情况进行检查，并将结果填入表8-2中。

表8-2 任务考评

项目内容	序号	评价指标	自评	互评	教师评价	总分
机床认识 （40分）	1	能否正确识别电气元器件（10分）				
	2	主轴电动机正反转操作（10分）				
		液压泵电动机起停操作（3分）				
		润滑油泵电动机操作（2分）				
		快速移动电动机操作（5分）				
		冷却液电机起停操作（5分）				
		机床总电源操作、照明操作（5分）				
识读机床 电路图 （50分）	3	主电路各电动机工作特点描述（20分）				
	4	主轴正反转离合器工作原理叙述（16分）				
	5	润滑泵电动机电路原理叙述（7分）				
	6	冷却泵电动机电路原理叙述（7分）				
职业素养 （10分）	7	劳保用品穿戴整齐（5分）				
	8	正确查阅相关资料（5分）				
备注	任务测评采用学生自评、互评和教师评价相结合的方式进行。	成绩				

8.1.5 课后习题

1. CA6150型卧式车床主要有哪些结构？
2. CA6150型卧式车床有哪些运动形式？
3. CA6150型卧式车床有哪些电气元器件？
4. 主电动机转向、主轴转向控制过程中各电气元器件之间是什么关系？

任务8.2 检修CA6150型卧式车床

知识目标：了解CA6150型卧式车床电气故障检修步骤。

技能目标：能对CA6150型卧式车床典型故障分析。

素养目标：养成自觉遵守安全操作规程的习惯，树立既善于独立思考，又注重团队协作的意识。

重点和难点：CA6150型卧式车床电气控制电路典型故障分析。

解决方法：原理分析为先导，分析要透彻；操作训练为检验，教师示范操作，学生观摩；学生操作训练，教师指导。

建议学时：4学时。

8.2.1 任务分析

CA6150 型卧式车床是机械加工中心广泛使用的一种机床，可用来加工各种回转表面、螺纹表面。完成该检修任务首先要熟知机床电气控制电路检修的一般流程、方法和注意事项，要了解 CA6150 型卧式车床的基本结构、运动形式。其次，要能分析 CA6150 型卧式车床电气电路的工作原理，会正确进行机床操作。然后根据故障现象分析故障范围，最后选择合适的检修方法检修 CA6150 型卧式车床控制电路主轴不能运转的电气故障。

8.2.2 相关知识——CA6150 型卧式车床故障分析与检修

1. CA6150 型卧式车床电气故障检修步骤

1）先熟悉原理，再进行正确的通电试车操作。

2）熟悉元器件的安装位置，明确各元器件作用。

3）教师示范故障分析检修过程（故障可人为设置）。

4）教师设置让学生知道的故障点，指导学生如何从故障现象着手进行分析，逐步引导到采用正确的检查步骤和检修方法。

5）教师设置人为的自然故障点，由学生检修。

6）学生应根据故障现象，先在原理图中正确标出最小故障范围的线段，然后采用正确的检查和排除故障方法并在定额时间内排除故障。

7）排除故障时，必须修复故障点，不得采用更换电器元件、借用触点及改动电路的方法，否则，视作不能排除故障点扣分。

8）检修时，严禁扩大故障范围或产生新的故障，并不得损坏电器元件。

2. CA6150 型卧式车床典型故障分析

1）主电路故障主要表现在 M1 与 M4 正转或反转断相、正反转均断相、M2 与 M3 断相等故障，主要故障原因为电源断相、电动机绕组损坏、接触器的常开触点损坏、控制开关损坏、连接导线断线或接触不良。

故障检查，用万用表电压档测量，测量电压是否正常；电阻档测量电动机接线是否断线，是否接触不良，电动机绕组是否断线，开关是否良好。

主要排除方法，更换元器件或导线，修理电动机。

2）控制电路故障主要表现在电路无法起动，主轴正转或反转无法起动，主轴无制动。

① 控制电路不能起动。

故障分析：控制变压器 TC 损坏、FU1、FU2 熔断、SB1、SB2、FR、QF2 触点损坏。

故障检查：用万用表的电压档或二极管导通档，依线号次序依次测量，测量到哪一线号无电压或不通，检查该处的触点或连接导线。

② 主轴正转无法工作。

故障分析：主轴正转有两种情况，一种取决于 KM1 接触器及电动机 M1 正转、SQ3 或 SQ4 手柄开关、KA1 继电器、YC2 离合器。另一种取决于 KM2 接触器及电动机 M1 反转、SQ3 或 SQ4 手柄开关、KA1 继电器、YC1 离合器。在这两种情况下主轴正转还与变压器二次绕组交流电压 24 V，以及 VC 桥式整流器是否正常有关。

故障检查：用万用表的电压档或二极管导通档，依线号次序依次测量，测量到哪一线号无电压或不通，检查该处的触点或连接导线。

③ 主轴反转无法工作。

故障分析：主轴反转也有两种情况，一种取决于 KM2 接触器及电动机 M1 反转、SQ5 或 SQ6 手柄开关、KA2 继电器、YC1 离合器。另一种取决于 KM2 接触器及电动机 M1 反转、SQ5 或 SQ6 手柄开关、KA2 继电器、YC2 离合器。在这两种情况下主轴反转还与变压器二次绕组交流电压 24 V，以及 VC 桥式整流器是否正常有关。

故障检查：用万用表的电压档或二极管导通档，依线号次序依次测量，测量到哪一线号无电压或不通，检查该处的触点或连接导线。

④ 主轴无制动。

故障分析：YB 为制动离合器，当操作手柄置于中间位置时，断开 SQ1 或 SQ2，使 KA1 或 KA2 均断开电源，KA1 及 KA2 的常闭触点接通，使 YB 离合器吸合。主轴无制动，主要是 KA1 及 KA2 的常闭触点有故障。

故障检查：用万用表的直流电压档，以 302 为基准依次测量 301、307、308 应为直流 24 V。如测量到哪点无电压，则断开电源，检查此处触点与连接导线，予以修理或更换。

8.2.3 任务实施

1. 任务准备

（1）实施本任务所需要的实训设备及工具材料清单见表 8-3。

表 8-3 实训设备及工具材料清单

机 床	CA6150 型卧式车床模拟电气控制台
仪 表	万用表
工 具	测电笔、尖嘴钳、螺钉旋具等
材 料	连接线、绝缘胶带等

（2）根据实训装置数量和学生人数合理进行分组。

（3）在 CA6150 型卧式车床模拟电气控制台故障箱里设置 3 个典型故障。

2. 观察故障现象

按正常操作程序通电试车，仔细观察故障现象，并将观察到的故障现象填入故障答题单（表 8-4）。具体操作参考如下。

1）验电，合上 QH、QF2，观察润滑油泵电动机 M2 是否工作。

2）先将主令开关 SA2 扳至"正转"位置，按下 SB3，观察接触器 KM1 是否得电吸合。再将主令开关 SA2 扳至"反转"位置，按下 SB3，观察接触器 KM2 是否得电吸合。

3）操作 SQ3 使常开触点闭合，观察 KA1 线圈是否得电吸合，再观察 YB 线圈及 YC2 线圈是否也相继得电吸合。

4）操作 SQ5 使常开触点闭合，观察 KA2 线圈是否得电吸合，再观察 YB 线圈及 YC1 线圈是否也相继得电吸合。

通过以上操作，观察结果是润滑油泵电动机 M2 能正常工作，接触器 KM1 和 KM2 及继电器 KA2 都能得电吸合，但 KA1 线圈没有得电吸合。

3. 确定故障范围

根据故障现象，结合 CA6150 型卧式车床电气原理图工作原理，分析确定故障范围，并将结果填入故障答题单（表 8-4）。

根据观察到的故障现象，KA1 无吸合动作，则说明该中间继电器线圈未得电，电源及公共回路是正常，故障可能是 15#、16#、0#线断开，或者 KA2 常闭触点或损坏，或者 KA1 线圈断线或接触不良。

4. 故障排除经过

利用万用表逐一对故障范围内电路进行检测，确定并修复故障点，最后通电试车正常。将检测过程和实际故障点填入故障答题单（表 8-4）。

表 8-4　CA6150 型卧式车床电气排除故障答题单

	第 一 故 障	第 二 故 障	第 三 故 障
故障现象			
故障范围判定			
排除故障经过			
实际故障点			

排除故障方法一：采用电压分阶测量法。通电后以电源变压器 TC 输出端 1#线端为基准，测量 KA1 线圈 0#线端间电压，测得电压值为 110V，可确认 KA1 的 0#线无断路，若测得电压值为 0V，则说明 KA1 的 0#线有断路故障，断电后用电阻法复查确认并修复。确保 0#线无断路的前提下，以 0#线为参考点，按 KA1 线圈得电的电流回路分别测量各点电位。先任意在回路中间测一点电位，根据测得值分析判断缩小故障范围，测量点电位为 110V，则说明 TC1#线端到被测点无断路，测得电位为 0V，则电路中有断路，可由此点向电源方向逐点检测，若测得一触点两端或同号线两头电位不同，可认为是断路故障点。断电后用电阻法复查确认并修复。

排除故障方法二：采用电阻分阶或分段测量法。使用电阻分阶法应了解电路中各继电器线圈的直流电阻值，测量前必须先停电、验电，确保无电方可实施。具体操作方法如下：以 KA1 线圈 0#线为基准，测量回路中除 0#线外各点与基准点间的电阻值，测得电阻值等于线圈电阻值，说明测量点到基准点无断路，若测得电阻值为 ∞，则说明测量点到基准点有断路故障。缩小故障范围可由测量点向线圈方向逐点测量与基准点间的电阻值，若测得一触点两端或同号线两头电阻值不同可认为是断路故障点。电阻分段法常用于 0#线或复查，电流回路中同电位的任意两点间都可使用此方法检测，两点间电阻值为零可视为通路，两点间电阻值为 ∞，则说明此段电路中有断路现象存在。

根据测量，16#线断开，用跨接线连接，重新试车，主轴运转正常。

注意：

1）测量电源变压器 TC 二次侧 AC 24V 电压是否达到额定值。

2）测量桥式整流 VC 直流输出端电压值应符合交流电压 $t/2$ 的有效值乘以 0.9 等于直流电压 U 值。

3）测量电磁离合器 YC2 线圈是否断路。

4）采用合理的测量方法应对电磁离合器 YC2 线圈得电的电流回路检测任务。

8.2.4 任务考评

由教师对各小组任务完成情况进行评价，并将结果填入表 8-5。

表 8-5 CA6150 型卧式车床电气排除故障评分记录表

项目内容	配分	评分细则	扣分	得分
通过操作正确判定故障现象	10	1. 判别错误，每一故障扣 3 分 2. 不完全正确，每一故障扣 1~2 分		
正确判定故障范围	20	1. 故障范围判断错误，每一故障扣 6 分 2. 故障范围分析不完整，每一故障扣 2~4 分		
正确排除故障，写出故障点	60	1. 不能排除故障，每一故障扣 20 分 2. 排除故障思路不清，每处扣 5 分 3. 排除故障方法不正确，每次扣 5~10 分 4. 仪表使用不正确，每次扣 3 分 5. 扩大故障不能自行修复，每处扣 10 分，自行修复每处扣 5 分 6. 发生短路现象，每次扣 10 分（包括被教师制止） 7. 损坏器材仪表，每次扣 10 分 8. 修复故障时接错线，每次（条）扣 5 分		
职业素养	10	1. 穿戴不符合要求或工具仪表不齐扣 5 分 2. 违规操作每次扣 5 分		
额定工时 30min	不允许超时检查故障，但在修复故障或填写答题单时每超时 1 min 扣 1 分		成绩	
开始时间		结束时间		实际用时	
备注				

8.2.5 课后习题

1. 手柄开关向右，主轴不能正转可能是什么原因？

2. 主轴不能正反转且主轴无制动（YC1、YC2 不吸合）可能是什么原因造成的？

3. 电磁吸盘有哪些保护环节？

4. 在主轴电动机正转的情况下，主轴不能正转；在主轴电动机反转的情况下，主轴不能反转可能是什么原因？

5. 快速移动电动机不转可能是什么原因？

M7130型平面磨床电气控制电路

任务 9.1 认识 M7130 型平面磨床

知识目标：了解 M7130 型平面磨床的结构、运动形式及电气控制要求，会分析 M7130 型平面磨床电气控制电路工作原理。

技能目标：能识别 M7130 型平面磨床的电气元器件并熟练操作 M7130 型平面磨床。

素养目标：养成自觉遵守安全操作规程的习惯，树立既善于独立思考，又注重团队协作的意识。

重点和难点：M7130 型平面磨床电气控制电路工作原理及安全操作。

解决方法：原理分析为先导，分析要透彻；操作训练为检验，教师示范操作，学生观摩；学生操作训练，教师指导。

建议学时：2 学时。

9.1.1 任务分析

M7130 型平面磨床用于磨削各种工件的平面，是磨床中使用较广泛的一种机床，该磨床操作方便，磨削精度和表面粗糙度较高，适用于磨削精密零件和各种工具，并可用于镜面磨削。

作为机床维修人员，要能快速、准确的分析、检测和排除 M7130 型平面磨床的电气故障。

完成该任务就要了解 M7130 型平面磨床的结构、运动形式、电气控制要求；能读懂 M7130 型平面磨床的电气控制原理图；掌握 M7130 平面磨床的操作方法。

9.1.2 相关知识——M7130 型平面磨床

1. M7130 型平面磨床的型号规格

M7130 型平面磨床型号的含义如图 9-1 所示。

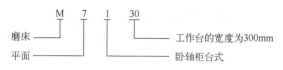

图 9-1 M7130 型号的含义

2. M7130 型平面磨床主要结构

M7130 平面磨床主要由床身、工作台、电磁吸盘、砂轮架（又称磨头）、滑座和立柱等部分组成。其外形结构如图 9-2 所示。

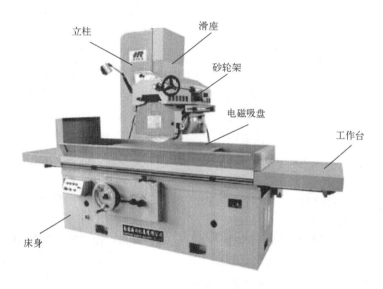

图 9-2 M7130 型平面磨床外形图

3. M7130 型平面磨床的运动形式

主运动：砂轮的旋转运动（由砂轮电动机 M1 驱动）。

进给运动：工作台的纵向往复运动（由液压系统驱动）；砂轮架的横向移动（液压系统驱动或手轮操作）；滑座带砂轮架的垂直向下移动（手轮操作）。

辅助运动：滑座带砂轮架的上下运动（手轮操作）。

4. M7130 型平面磨床电气控制要求

1）为达到较高的磨削精度，砂轮电动机 M1 采用两极高速电动机，砂轮直接装在砂轮电动机上。M1 要求单向旋转。

2）由液压泵电动机 M3 提供液压系统所需压力油。M3 要求单向旋转。

3）冷却泵电动机 M2 提供冷却切削液，砂轮电动机 M1 起动后，冷却泵电动机 M2 才能起动。M2 要求单向旋转。

4）电磁吸盘应设有充磁和退磁控制环节。

5）为保证加工安全，只有电磁吸盘充磁吸牢工件后，电动机 M1、M2、M3 才允许工作。

6）具有完善的保护环节：各电路的短路保护，电动机的过载保护，失电压欠电压保护，电磁吸盘过电压保护等。

7）要有安全照明装置。

5. M7130 型平面磨床电气控制电路工作原理

M7130 型平面磨床电气原理图如图 9-3 所示。该电路分为主电路、控制电路、电磁吸盘电路和照明电路 4 部分。

（1）主电路分析（表 9-1）

表 9-1　主电路分析

	砂轮电动机 M1	冷却泵电动机 M2	液压泵电动机 M3
短路保护	FU1	FU1	FU1
过载保护	FR1	无（容量较小）	FR2
控制元件	KM1	KM1+接插件 X1	KM2

（2）电磁吸盘电路分析

电磁吸盘用来吸住工件以便进行磨削，它与机械夹紧相比，具有夹紧迅速、操作快速简便、不损伤工件、一次能吸多个小工件，以及磨削中工件发热可自由伸缩、不会变形等优点。不足之处是只能对导磁性材料如钢铁等工件才能吸住。对非导磁性材料如铝和铜的工件没有吸力。电磁吸盘的线圈通的是直流电，不能用交流电，因为交流电会使工件振动和铁心发热。

电磁吸盘电路包括整流电路、控制电路和保护电路三部分。

1）整流电路。整流变压器 T1 将 220 V 的交流电压降为 145 V，然后经桥式整流器 VC 后输出 110 V 直流电压。

2）控制电路。电磁吸盘有"吸合""放松"和"退磁"三种工作状态，三种工作状态的转换由转换开关 SA2 实现。

吸合（充磁）：SA2 扳至"吸合"位置　触点（205-208）和（206-209）闭合——

→电磁吸盘 YH 通电 —→ 工件被牢牢吸住

→欠电流继电器 KA 线圈得电 —→ KA（3-4）闭合 —→ 接通电动机控制电路

电磁吸盘吸合电流通道：205→208→YH 线圈下端→YH 线圈上端→210→KA 线圈→209→206。

放松：工件加工完毕，把 SA2 扳至"放松"位置→SA2 全部触点断开，切断电磁吸盘 YH 的直流电源。由于工件有剩磁而不能取下，需要对工件进行退磁。

退磁：将 SA2 扳到"退磁"位置，触点（205-207）、（206-208）接通，YH 线圈通入较小的反向电流。电磁吸盘退磁电流通道：205→207→R2→209→KA 线圈→210→YH 线圈上端→YH 线圈下端→208→206。

退磁结束，将 SA2 扳回"放松"位置，将工件取下。

注意：去磁时间不宜过长，否则工件会因反向磁化而无法取下。

如果有些工件不易退磁，可将附件退磁器的插头插入插座 XS，使工件在交变磁场的作用下进行退磁。

当需要加工非铁磁性材质工件时，工件采用机械方法固定，不需要电磁吸盘，此时将 SA2 扳到"退磁"位置，SA2（3-4）闭合接通电动机控制电路。

3）保护电路。电磁吸盘的保护电路是由放电电阻 R3 和欠电流继电器 KA 组成的。因为电磁吸盘的电感很大，当电磁吸盘从"吸合"状态转变为"放松"状态的瞬间，线圈两端将产生很高的自感电动势，易使线圈或其他电器由于过电压而损坏。电阻 R3 的作用是在电

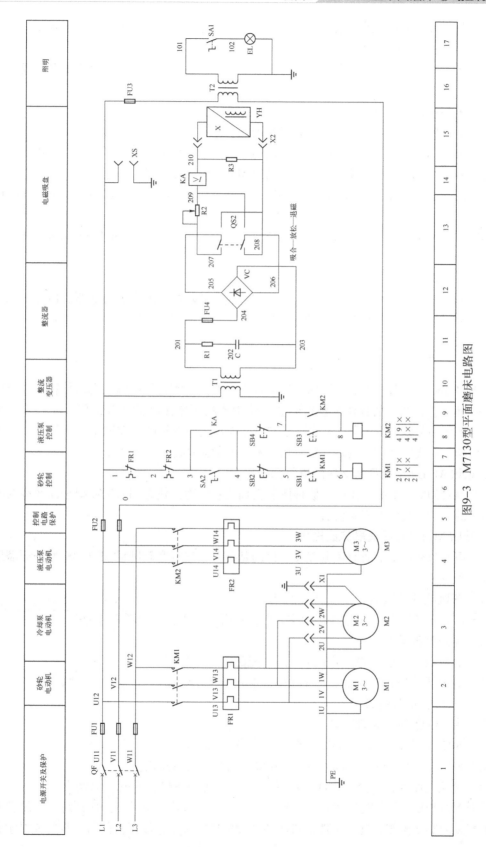

图9-3 M7130型平面磨床电路图

磁吸盘断电瞬间给线圈提供放电通路，吸收线圈释放的磁场能量。欠电流继电器 KA 用于防止电磁吸盘断电时工件脱出发生事故。

电阻 R1 与电容 C 的作用是防止电磁吸盘交流侧的过电压。熔断器 FU4 为电磁吸盘提供短路保护。

（3）电动机控制电路

在 SA2（3-4）或 KA（3-4）闭合的情况下：

按下 SB1→KM1 吸合自锁，砂轮电动机 M1 和冷却泵电动机 M2 起动，按下 SB2 停止。

按下 SB3→KM2 吸合自锁，液压泵电动机 M3 起动，按下 SB4 停止。

KM1 线圈通电回路：1→FR1→2→FR2→3→SA2（KA）→4→SB2→5→SB1→6→KM1 线圈→0

KM2 线圈通电回路：1→FR1→2→FR2→3→SA2（KA）→4→SB4→7→SB3→8→KM2 线圈→0

（4）照明电路

照明变压器 T2 将 380 V 的交流电压降为 24 V 的安全电压供给照明电路。EL 为照明灯，由 SA 控制。FU3 为照明电路提供短路保护。

9.1.3 任务实施

以 M7130K 型平面磨床电气维修实训装置作为本任务实施的载体，实训装置电气原理图如图 9-4 所示。该实训装置作为模拟装置，图中省略了电磁吸盘线圈，用发光二极管来代替；实际磨床中欠电流继电器 KA 线圈是和电磁吸盘线圈串联的，在图中作了调整，在实训中只要说明，对实际磨床电气原理的理解、操作及故障排除并无影响。

1. 认识 M7130K 型平面磨床的电气元器件

结合 M7130K 型平面磨床电气原理图和实训装置实物，熟悉 M7130K 型平面磨床的各电气元器件的名称、代号及安装位置。

2. 观摩 M7130K 平面磨床的操作

在认识 M7130K 型平面磨床电气元器件的基础上，先观摩教师对 M7130K 型平面磨床的操作步骤和方法。

（1）开机准备工作

将 SA2 扳至"放松"位置，接通实训装置电源，合上机床电源开关 QF。

（2）电磁吸盘操作

将 SA2 扳至"充磁"位置：KI 吸合，"充磁"指示灯亮。

将 SA2 扳至"退磁"位置：KI 释放，"退磁"指示灯亮。

（3）三个电动机的操作

分别将 SA2 扳到"充磁"和"退磁"。

按下 SB2 和 SB4，KM1、KM2 吸合，三个电动机起动。

按下 SB1 或 SB3、SB5，KM1、KM2 释放，三个电动机停止。

（4）照明电路操作：合上 SA1，照明灯 EL 亮；断开 SA1，照明灯熄灭。

根据 M7130K 型平面磨床实训装置数量，将学生分为若干组进行操作训练，并结合对机床实训装置的实际操作，进一步理解机床各部分的功能及工作原理。同时，教师要对学生操

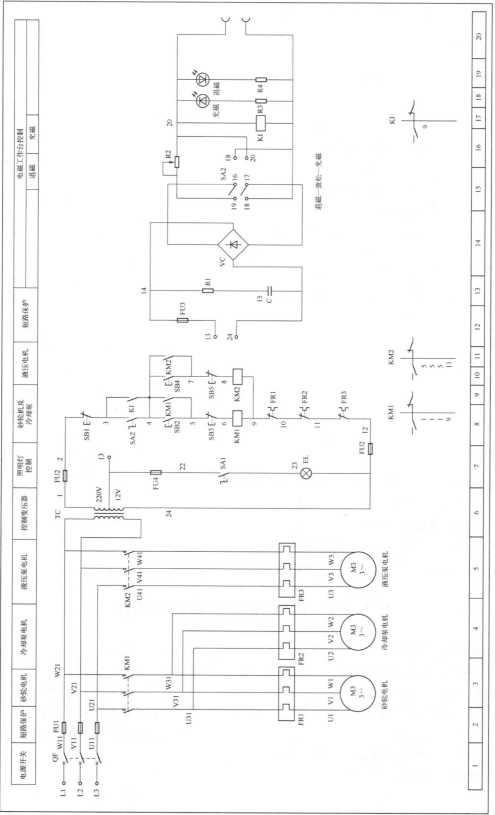

图9-4 M7130K平面磨床电气原理图

作训练过程进行巡回指导检查，并做好记录。

9.1.4　任务考评

对任务完成情况进行检查，并将结果填入表 9-2 中。

表 9-2　任务考评

项目	符号	评 价 指 标	自评	互评	教师评价	总分
机床认识 （40分）	1	能否正确识别电气元器件（10分）				
	2	电磁吸盘操作（8分）				
		液压泵电动机起停操作（8分）				
		砂轮电动机起停操作（8分）				
		机床总电源操作、照明操作（6分）				
识读机床 电路图 （50分）	3	主电路各电动机工作特点描述（12分）				
	4	电磁吸盘电路工作原理叙述（14分）				
	5	液压泵电动机电路原理叙述（12分）				
	6	砂轮电动机电路原理叙述（12分）				
职业素养 （10分）	7	劳保用品穿戴整齐（5分）				
	8	正确查阅相关资料（5分）				
备注	任务测评采用学生自评、互评和教师评价相结合的方式进行。		成绩			

9.1.5　课后习题

1. M7130 型平面磨床的主要运动形式有哪些？
2. 电磁吸盘使用什么电源？为什么？
3. 电磁吸盘有哪些保护环节？
4. 叙述电磁吸盘"吸合"的控制原理。
5. 写出 M7130 型平面磨床砂轮电动机起动的操作步骤。

任务 9.2　检修 M7130 型平面磨床

知识目标：掌握 M7130 型平面磨床电气故障的分析方法和检修步骤。

技能目标：能按正确的检修流程排除 M7130 型平面磨床的典型电气故障。

素养目标：养成自觉遵守电气检修安全操作规程和善于思考、沟通和配合的良好习惯。

重点与难点：M7130 型平面磨床典型电气故障分析方法、检修步骤及故障排除。

解决方法：以 M7130 型平面磨床典型电气故障为案例，示范讲解故障检修步骤和分析方法；学生分组排除故障训练，教师巡回指导。

建议学时：4 学时。

9.2.1 任务分析

M7130 型平面磨床在使用过程中，不可避免地会发生各种电气故障，如电磁吸盘不能充磁、电动机无法起动等。要做到快速准确地排除故障，就要掌握 M7130 型平面磨床电气故障的分析方法和检修步骤。本任务将以 M7130K 型平面磨床模拟实训装置为载体，介绍 M7130 型平面磨床典型电气故障的检修步骤及故障分析方法，并完成对 M7130K 型平面磨床典型电气故障的排除任务。

9.2.2 相关知识——M7130K 型平面磨床故障分析与检修

结合 M7130K 型平面磨床具体电气故障案例，以教师示范讲解排除故障过程为主线，以学生观察、体会为主导，介绍 M7130K 型平面磨床电气故障检修的步骤和故障分析方法。

1. M7130K 型平面磨床电气故障检修步骤

1）接通 M7130K 型平面磨床电源。

2）操作机床观察功能实现情况，确认故障现象。

3）结合故障现象和 M7130K 型平面磨床电路原理图分析判断故障范围。

4）在故障范围内用万用表检测法确定故障点。

5）修复故障。

6）重新通电试车确认故障排除。

7）记录排除故障过程。

2. M7130K 型平面磨床典型故障分析

故障现象：SA2 扳到"充磁"位置，所有电动机无法起动，且"充磁"指示灯不亮。

故障分析步骤：

1）故障范围确定。故障范围确定的流程图如图 9-5 所示。

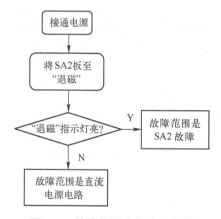

图 9-5 故障范围确定的流程图

2）故障点检测。因 M7130K 平面磨床模拟实训装置故障设置均为断线故障，所以用万用表电阻测量法依次测量故障范围内的相关连接线，确定故障点（断点）。

3）故障修复：断开电源，用连接线连接断点。

4）通电试车：接通机床电源，SA2 置于"充磁"位置，分别按下 SB2 或 SB4，观察

"充磁"灯和电动机工作状态，确认故障排除。

　　5）记录排除故障过程。

9.2.3　任务实施

1. 任务准备

1）实施本任务所需要的实训设备及工具材料清单见表9-3。

表9-3　实训设备及工具材料清单

机床	M7130K型平面磨床模拟电气控制台
仪表	万用表
工具	测电笔、尖嘴钳、螺钉旋具等
材料	连接线、绝缘胶带等

2）根据实训装置数量和学生人数合理进行分组。

3）在M7130K型平面磨床模拟电气控制台故障箱里设置3个典型故障。

2. 观察故障现象

按正常操作程序通电试车，仔细观察故障现象，并将观察到的故障现象填入故障答题单（表9-4）。

3. 确定故障范围

根据故障现象，结合M7130K型平面磨床电气原理图工作原理，分析确定故障范围，并将结果填入故障答题单（表9-4）。

4. 故障排除经过

利用万用表逐一对故障范围内电路进行检测，确定并修复故障点，最后通电试车正常。将检测过程和实际故障点填入故障答题单（表9-4）。

表9-4　M7130K型平面磨床电气排除故障答题单

	第 一 故 障	第 二 故 障	第 三 故 障
故障现象			
故障范围判定			
排除故障经过			
实际故障点			

9.2.4 任务测评

由教师对各小组任务完成情况进行评价，并将结果填入表 9-5。

表 9-5 M7130K 型平面磨床电气排除故障评分记录表

项目内容	配分	评分细则	扣分	得分
通过操作正确判定故障现象	10	1. 判别错误，每一故障扣 3 分 2. 不完全正确，每一故障扣 1~2 分		
正确判定故障范围	20	1. 故障范围判断错误，每一故障扣 6 分 2. 故障范围分析不完整，每一故障扣 2~4 分		
正确排除故障，写出故障点	60	1. 不能排除故障，每一故障扣 20 分 2. 排除故障思路不清，每处扣 5 分 3. 排除故障方法不正确，每次扣 5~10 分 4. 仪表使用不正确，每次扣 3 分 5. 扩大故障不能自行修复，每处扣 10 分，自行修复每处扣 5 分 6. 发生短路现象，每次扣 10 分（包括被教师制止） 7. 损坏器材仪表，每次扣 10 分 8. 修复故障时接错线，每次（条）扣 5 分		
职业素养	10	1. 穿戴不符合要求或工具仪表不齐扣 5 分 2. 违规操作每次扣 5 分		
额定工时 30 min	不允许超时检查故障，但在修复故障或填写答题单时每超时 1min 扣 1 分		成绩	
开始时间		结束时间	实际用时	
备注				

9.2.5 课后习题

1. M7130K 型平面磨床电气检修步骤有哪些？

2. 若 M7130K 型平面磨床熔断器 FU1 中 U 相或 V 相烧断有什么现象？

3. 如果砂轮电动机和冷却泵能正常起动，而液压泵不能起动，试判定故障范围。

4. 电磁吸盘电路中 16、17 号线之间的电压是多少？用万用表检测时应使用什么档位？

5. 电磁吸盘电路中，如果电位器 R2 开路，将会造成什么现象？

Z3050型摇臂钻床电气控制电路

任务 10.1　认识 Z3050 型摇臂钻床

知识目标：了解 Z3050 型平摇臂钻床的结构、运动形式及电气控制要求，会分析 Z3050 型摇臂钻床电气控制电路工作原理。

技能目标：能识别 Z3050 型摇臂钻床的电气元器件并熟练操作 Z3050 型摇臂钻床。

素养目标：激发学生自主学习，勇于探索的精神；强化学生自觉遵守安全操作规程的安全意识和团队合作意识。

重点与难点：Z3050 型摇臂钻床电气控制电路工作原理及正确操作。

解决方法：采用讲授法讲解相关知识点，采用示范操作和任务驱动法实施 Z3050 型摇臂钻床操作训练任务。达到原理清楚，操作熟练的目标。

建议学时：2 学时。

10.1.1　任务分析

Z3050 型摇臂钻床主要用于对大型零件进行钻孔、扩孔、铰孔、镗孔和攻螺纹等加工，特别适用于单件或批量生产带有多孔大型零件的孔加工。

Z3050 型摇臂钻床是集机、电、液驱动控制于一体的机电设备。本任务主要学习 Z3050 型摇臂钻床的主要结构、运动形式、电气控制要求和试车操作方法，并能识读 Z3050 型摇臂钻床电气控制电路图。

10.1.2　相关知识——Z3050 型摇臂钻床

1. Z3050 型摇臂钻床的型号规格

Z3050 型摇臂钻床型号的含义如图 10-1 所示。

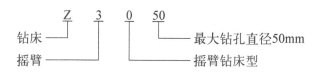

图 10-1 Z3050 型号的含义

2. Z3050 型摇臂钻床主要结构

Z3050 型摇臂钻床主要由底座、工作台、摇臂、主轴箱、主轴、内外立柱等部分组成。其外形结构如图 10-2所示。

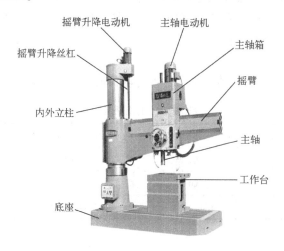

图 10-2 Z3050 型摇臂钻床外形图

3. Z3050 型摇臂钻床的运动形式

主运动：主轴带动钻头（刀具）的旋转运动。

进给运动：主轴的垂直运动。

辅助运动：摇臂沿外立柱的升降运动；摇臂连同外立柱一起绕内立柱回转运动（人工完成）；主轴箱沿摇臂水平运动（机械手轮操作）。

摇臂钻床上设置了与三个辅助运动对应的三个松开夹紧装置，即摇臂与外立柱之间的松开与夹紧、内外立柱之间的松开与夹紧和主轴箱与摇臂之间的松开与夹紧。每个辅助运动在运动前先要松开，运动结束要再夹紧。松开与夹紧装置是由液压泵电动机 M3 配合液压机构驱动完成。

4. Z3050 型摇臂钻床电气控制要求

1）主轴电动机 M1 担负主轴的旋转运动和进给运动，只需要单向旋转。主轴的正反转和变速通过机械操纵机构与液压系统实现。

2）摇臂升降由电动机 M2 正反转经传动机构和丝杠驱动，摇臂的松开和夹紧由液压泵电动机 M3 正反转配合液压系统完成。摇臂的松开—升降—夹紧过程要能自动完成。

3）摇臂升降结束需延时一定时间才能夹紧，避免因升降机构的惯性而直接夹紧所产生的抖动现象。

4）立柱和主轴箱的松开与夹紧也通过液压泵电动机 M3 正反转配合液压机构实现。可选择立柱和主轴箱单独或同时松开与夹紧。

5）冷却泵电动机 M4 采用断路器直接控制。

6）控制电路要有必要的短路、过载、失压欠压保护。

7）要有局部照明和必要的机床工作状态指示。

5. Z3050 型摇臂钻床电气控制电路工作原理

Z3050 型摇臂钻床电气原理图如图 10-3 所示。该电路为 Z3050 型摇臂钻床模拟实训装置电路图，电路中用时间继电器 KT01 和 KT02 模拟实际钻床上的 SQ2 和 SQ3 的动作情况，实现摇臂松开与夹紧的控制过程。

（1）主电路分析

Z3050 型摇臂钻床由 4 台电动机驱动，各电动机的保护、控制元器件分析见表 10-1。

表 10-1　主电路分析

	主轴电动机 M1	摇臂升降电动机 M2	液压泵电动机 M3	冷却泵电动机 M4
短路保护	QF1	QF3	QF3	QF2
过载保护	FR1	QF3	FR2	QF2
控制元件	KM1	KM2、KM3	KM4、KM5	QF2

（2）控制电路分析

380 V 电源经 QF1、QF3 引入变压器 TC，经 TC 输出 220 V、12 V 和 6.3 V 分别作为控制电路、指示电路和照明电路的电源。FU1 和 FU2 分别为控制电路和照明电路提供短路保护。

1）总起动控制。

起动：按下 SB2→KV 吸合自锁→接通控制电路电源。

停止：按下 SB1→KV 断电释放→控制电路断电。

2）主轴电动机 M1 的控制。

起动：按下 SB4→KM1 吸合自锁→M1 起动运行。

停止：按下 SB3→KM1 断电释放→M1 停转。

3）摇臂升降控制。

摇臂钻床在常态下，摇臂和外立柱处于夹紧状态，此时 SQ3 处于压下状态，SQ3（19区）断开，SQ2 处于自然位置，SQ2a（13区）断开，SQ2b（16区）闭合。（实训装置用 KT02 通电延时断开常闭触点、瞬时常闭触点和瞬时常开触点分别代替 SQ3、SQ2a 和 SQ2b。）

摇臂上升控制：

摇臂上升前，KT02 处于通电状态，其模拟触点 SQ3（19区）处于断开状态，SQ2b（16区）处于闭合状态，SQ2a（13区）处于断开状态。

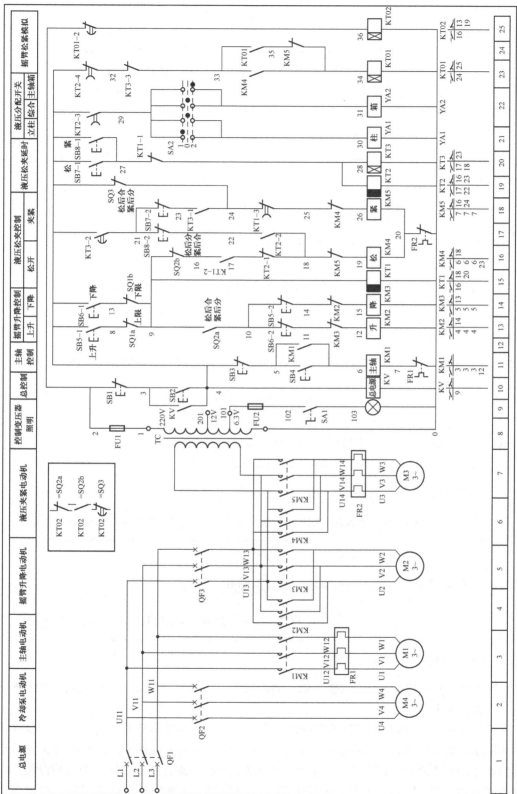

图10-3 Z3050型摇臂钻床电气控制电路图

按住上升按钮SB5（13区）→ KT1线圈（15区）得电 →

→ KT1-1（20区）断开，断开立柱和主轴箱松紧控制回路

→ KT1-3（18区）瞬时断开，保证KM5不得电

→ KT1-2（16区）闭合 →

→ KM4线圈（16区）得电 → 液压泵M3正转起动，利用液压机构开始松开摇臂

→ KM4（23区）闭合 → KT01线圈（23区）得电 →

→ KT01（24区）闭合自锁

延时 → KT01-2（25区）断开 → KT02线圈（25区）失电 →

→ SQ2b（16区）断开 → KM4断电释放，液压泵M3停转，摇臂松开完成

→ SQ2a（13区）闭合 → KM2线圈（13区）得电 → M2正转摇臂开始上升

→ SQ3（19区）闭合，为摇臂夹紧做好准备

当摇臂上升到预定位置，松开按钮SB5 → KM2线圈（13区）失电，M2停转，摇臂停止上升

→ KT1线圈（15区）失电 延时

→ KT1-3（18区）闭合 → KM5线圈（18区）得电 →

→ 液压泵M3反转，摇臂开始夹紧

→ KM5（24区）断开 → KT01线圈（23区）失电 → KT01-2（25区）闭合 →

→ KT02线圈（25区）得电 →

→ SQ2b（16区）闭合

→ SQ2a（13区）断开

延时 → SQ3（19区）断开 → KM5线圈（18区）失电 →

→ 液压泵M3停转，摇臂夹紧完成

摇臂下降控制：按住SB6，摇臂下降，动作过程与摇臂上升类似，自动完成松开—下降—夹紧的整套动作。

电路中SQ1a、SQ1b作为摇臂升降的超程限位保护。摇臂的自动夹紧由位置开关SQ3控制。如果液压系统出现故障，不能自动夹紧摇臂，或由于SQ3调整不当，在摇臂夹紧后不能使SQ3常闭触点断开，都会使液压泵电动机M3长时间过载运行而损坏，为此装设热继电器FR2进行过载保护。摇臂上升、下降电路中采用接触器和按钮双重联锁保护，以确保电路安全工作。

4）立柱与主轴箱的夹紧与放松控制。

立柱和主轴箱的放松（或夹紧）既可以同时进行，也可以单独进行，由转换开关 SA2 和复合按钮 SB7（或 SB8）进行控制。SA2 有三个位置，扳到中间位置时，立柱和主轴箱的放松（或夹紧）同时进行；扳到左边位置时，立柱放松（或夹紧）；扳到右边位置时，主轴箱放松（或夹紧）。复合按钮 SB7 是松开控制按钮，SB8 是夹紧控制按钮。

立柱和主轴箱同时松开控制：将 SA2 扳到中间

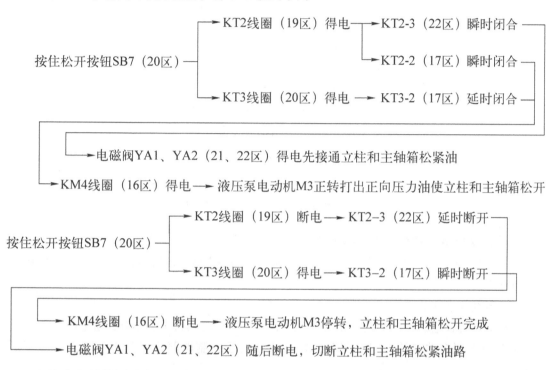

立柱和主轴箱同时夹紧控制的工作原理与松开相似，只要按下 SB8，使接触器 KM5 获电吸合，液压泵电动机 M3 反转即可。

立柱或主轴箱单独松开与夹紧控制和同时松开夹紧控制工作原理也相似，只要将 SA2 扳到左或右，使 YA1 或 YA2 单独得电即可。

5）冷却泵电动机 M4 的控制。

合上或分断断路器 QF2，就可以接通或切断电源，操纵冷却泵电动机 M4 工作或停止。

6）照明、指示电路分析。

照明和指示电路由控制变压器 TC 提供的 6.3 V 和 12 V 电压作为工作电源，熔断器 FU2 作照明电路的短路保护，EL 是照明灯，由 SA1 控制。指示电路工作原理如图 10-4 所示。

10.1.3 任务实施

1. 认识 Z3050 型摇臂钻床的电气元器件

结合 Z3050 型摇臂钻床电气原理图和实训装置实物，熟悉 Z3050 型摇臂钻床的电气元器件名称、代号及安装位置。

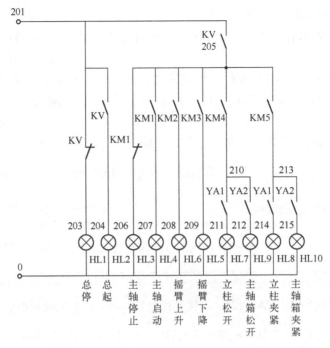

图 10-4　Z3050 型摇臂钻床指示电路原理图

2. 观摩 Z3050 型摇臂钻床的操作

在认识 Z3050 型摇臂钻床电气元器件的基础上，先观摩教师对 Z3050 型摇臂钻床的操作步骤和方法。

（1）开机准备工作

接通实训装置电源，合上机床电源开关 QF1、QF3，时间继电器 KT02 通电吸合。按下按钮 SB2，KV 吸合并自锁，"总起"指示灯亮，表示控制电路已经通电，为操作做好了准备。

（2）主轴电动机 M1 的起动和停止操作

按下启动按钮 SB4，主轴电动机 M1 起动运行，同时"主轴起动"指示灯亮。按下停止按钮 SB3，主轴电动机 M1 停止旋转，"主轴停止"指示灯亮。

（3）摇臂升降操作

按住上升按钮 SB5（或下降按钮 SB6），时间继电器 KT1 吸合，接触器 KM4 吸合，液压泵电动机 M3 正转起动，摇臂松开。同时时间继电器 KT01 也吸合自锁，经延时 KT02 断电，KM4 断电，液压泵电动机 M3 停止工作，KM2（或 KM3）吸合，摇臂升降电动机 M2 正转（或反转）起动，摇臂开始上升（或下降），同时"摇臂上升"或"摇臂下降"指示灯亮。

松开按钮 SB5（或 SB6），KM2（或 KM3）断电，M2 停止工作，"摇臂上升"或"摇臂下降"指示灯熄灭，同时 KT1 失电经延时使 KM5 吸合，液压泵电动机 M3 反转起动，摇臂开始夹紧。由于 KM5 的吸合导致 KT01 断电，KT02 重新得电，经 KT02 延时切断 KM5 电源，M3 停止工作。摇臂升降完成。

（4）立柱和主轴箱松开与夹紧操作

将 SA2 分别扳至"立柱""主轴箱"和"综合"位置。

按住松开按钮 SB7（或夹紧按钮 SB8），KT2、KT3 吸合，YA1、YA2（或 YA1、YA2 同时）吸合，经 KT3 延时，KM4（或 KM5）吸合，液压泵电动机 M3 正转（或反转）起动，立柱和主轴箱单独或同时松开（或夹紧）。

松开 SB7（或 SB8），KT2、KT3 断电，KM4（或 KM5）失电，M3 停止工作，经 KT2 延时，YA1、YA2（或 YA1、YA2 同时）断电。

（5）冷却泵的起停操作

合上 QF2，冷却泵电动机 M4 起动，断开 QF2，冷却泵电动机 M4 停止。

（6）局部照明灯操作

合上开关 SA1 照明灯亮，断开 SA1 照明灯熄灭。

根据 Z3050 型摇臂钻床实训装置数量，将学生分为若干组进行操作训练，并结合对机床实训装置的实际操作，进一步理解机床各部分的功能及工作原理。同时，教师要对学生操作训练过程进行巡回指导检查，并做好记录。

10.1.4 任务考评

对任务完成情况进行检查，并将结果填入表 10-2。

表 10-2 任务考评

项目内容	序号	评 价 指 标	自评	互评	教师评价	总分
机床认识 （40分）	1	能否正确识别电气元器件（10分）				
	2	总启操作（4分）				
		主轴电动机起停操作（4分）				
		摇臂升降操作（12分）				
		立柱和主轴箱松紧操作（10分）				
识读机床 电路图 （50分）	3	主电路各电动机工作特点描述（12分）				
	4	机床总起控制原理叙述（5）				
	5	主轴电动机起停控制原理叙述（5分）				
	6	摇臂升降控制电路原理叙述（16分）				
	7	立柱和主轴箱松紧控制电路原理叙述（12分）				
职业素养 （10分）	8	劳保用品穿戴整齐（5分）				
	9	正确查阅相关资料（5分）				
备注	任务测评采用学生自评、互评和教师评价相结合的方式进行	成绩				

10.1.5 课后习题

1. Z3050 型摇臂钻床三个辅助运动及对应的三个松开与夹紧是什么？

2. 简述 Z3050 型摇臂钻床摇臂下降的控制过程。

3. 试说明摇臂松开时 KM4 线圈的通电路径。

4. 摇臂松紧模拟时间继电器 KT01、KT02 的延时分别对应摇臂"松开"→"升（降）"

→"夹紧"的哪两个过程？

5. 写出 Z3050 型摇臂钻床内外立柱松开的操作步骤。

任务 10.2　检修 Z3050 型摇臂钻床

知识目标：掌握 Z3050 型摇臂钻床电气故障的分析方法和检修步骤。

技能目标：能按正确的检修流程排除 Z3050 型摇臂钻床的典型电气故障。

素养目标：养成自觉遵守电气检修安全操作规程和善于思考、沟通和配合的良好习惯。

重点与难点：Z3050 型摇臂钻床典型电气故障分析方法、检修步骤及故障排除。

解决方法：以 Z3050 型摇臂钻床典型电气故障为案例，示范讲解故障检修步骤和分析方法。学生分组排除故障训练，教师巡回指导。

建议学时：6 学时

10.2.1　任务分析

Z3050 型摇臂钻床是集机、电、液一体化控制的设备，如摇臂的升降及立柱与主轴箱的松开和夹紧控制。因此在检修时不仅要注意电气部分能否正常工作，还要注意电气与机械、液压部分的协调关系。本任务将以 Z3050 型摇臂钻床模拟实训装置为载体，学习 Z3050 型摇臂钻床常见电气故障的分析方法和检修方法，并完成对 Z3050 型摇臂钻床典型电气故障的排除任务。

10.2.2　相关知识——Z3050 型摇臂钻床故障分析与检修

Z3050 型摇臂钻床电气控制的重点和难点环节是摇臂的升降、立柱与主轴箱的松开和夹紧。Z3050 型摇臂钻床的工作过程是由电气、机械及液压系统紧密配合实现的。因此，在维修中不仅要注意电气部分能否正常工作，还要关注机械及液压部分是否完好。本任务将重点结合 Z3050 型摇臂钻床具体电气故障案例，以教师示范讲解排除故障过程为主线，以学生观察、体会为主导，介绍 Z3050 型摇臂钻床电气故障检修的步骤和故障分析方法。

1. Z3050 型摇臂钻床电气故障检修步骤

1）接通 Z3050 型摇臂钻床电源。

2）操作机床观察功能实现情况，确认故障现象。

3）结合故障现象和 Z3050 型摇臂钻床电路原理图分析判断故障范围。

4）在故障范内用万用表检测法确定故障点。

5）修复故障。

6）重新通电试车确认故障排除。

7）记录排除故障过程。

2. Z3050 型摇臂钻床典型故障分析

故障现象：摇臂能上升但不能下降。

故障分析步骤：

1）故障范围确定。故障范围确定的流程图如图 10-5 所示。

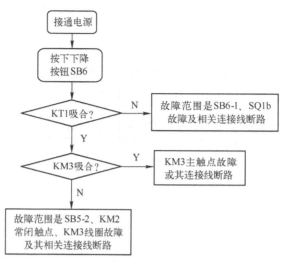

图 10-5　故障范围确定的流程图

2）故障点检测。因 Z3050 型摇臂钻床模拟实训装置故障设置均为断线故障，所以用万用表电阻测量法依次测量故障范围内的连接线，确定故障点（断点）。如确定故障范围为 SB6-1、SQ1b 支路后，应断开摇臂钻床电源，用万用表电阻 R×1 档依次测量 SB5-1 上桩到 SB6-1 上桩的 4 号线、13 号线及 SQ1b 下桩到 SQ1a 下桩的 9 号线。

3）故障修复：断开电源，用连接线连接断点。

4）通电试车：接通机床电源，按下摇臂下降按钮 SB6，观察摇臂下降情况，确认故障排除。

5）记录排除故障过程。

10.2.3　任务实施

1. 任务准备

1）实施本任务所需要的实训设备及工具材料清单见表 10-3。

表 10-3　实训设备及工具材料清单

机床	Z3050 型摇臂钻床模拟电气控制台
仪表	万用表
工具	测电笔、尖嘴钳、螺钉旋具等
材料	连接线、绝缘胶带等。

2）根据实训装置数量和学生人数合理进行分组。

3）在 Z3050 型摇臂钻床模拟电气控制台故障箱里设置 3 个典型故障。

2. 观察故障现象

按正常操作程序通电试车，仔细观察故障现象，并将观察到的故障现象填入故障答题单（表 10-4）。

3. 确定故障范围

根据故障现象，结合 Z3050 型摇臂钻床电气原理图工作原理，分析确定故障范围，并将结果填入故障答题单（表 10-4）。

4. 故障排除经过

利用万用表逐一对故障范围内电路进行检测，确定并修复故障点，最后通电试车正常。将检测过程和实际故障点填入故障答题单（表 10-4）。

表 10-4　Z3050 型摇臂钻床电气排除故障答题单

	第 一 故 障	第 二 故 障	第 三 故 障
故障现象			
故障范围判定			
排除故障经过			
实际故障点			

10.2.4　任务测评

由教师对任务完成情况进行评价，并将结果填入表 10-5。

表 10-5　Z3050 型摇臂钻床电气排除故障评分记录表

项目内容	配分	评分细则	扣分	得分
通过操作正确判定故障现象	10	1. 判别错误，每一故障扣 3 分 2. 不完全正确，每一故障扣 1~2 分		
正确判定故障范围	20	1. 故障范围判断错误，每一故障扣 6 分 2. 故障范围分析不完整，每一故障扣 2~4 分		
正确排除故障，写出故障点	60	1. 不能排除故障，每一故障扣 20 分 2. 排除故障思路不清，每处扣 5 分 3. 排除故障方法不正确，每次扣 5~10 分 4. 仪表使用不正确，每次扣 3 分 5. 扩大故障不能自行修复，每处扣 10 分，自行修复每处扣 5 分 6. 发生短路现象，每次扣 10 分（包括被教师制止） 7. 损坏器材仪表，每次扣 10 分 8. 修复故障时接错线，每次（条）扣 5 分		
职业素养	10	1. 穿戴不符合要求或工具仪表不齐扣 5 分 2. 违规操作每次扣 5 分		

（续）

项目内容	配分	评　分　细　则		扣分	得分
额定工时 30 min		不允许超时检查故障，但在修复故障或填写答题单时每超时 1 min扣1分		成绩	
开始时间		结束时间		实际用时	
备注					

10.2.5　课后习题

1. 如果断路器 QF1 出线端的 U 相断开，会造成什么后果？

2. 如果 Z3050 型摇臂钻床控制电路中 33 号线断开，会出现什么状况？

3. 试分析立柱和主轴箱能松开但不能夹紧的可能故障范围。

4. Z3050 型摇臂钻床大修后，若摇臂升降电动机 M2 的三相电源相序接反会发生什么情况？试车时应如何检测？

5. KT02 时间设置过短或过长，会造成摇臂夹紧时出现什么现象？

附　录

附录A　习　题　库

一、单项选择题

1. 一台需制动平稳、制动能量损耗小的电动机应选用（　　）制动。

A. 反接　　　　　B. 能耗　　　　　C. 回馈　　　　　D. 电容

2. 热继电器在电动机控制电路中不能作（　　）。

A. 短路保护　　　B. 过载保护　　　C. 断相保护　　　D. 电流不平衡运行保护

3. 三相异步电动机的额定功率是指（　　）。

A. 输入的视在功率　　　　　　　B. 输入的有功功率

C. 产生的电磁功率　　　　　　　D. 输出的机械功率

4. 电动机起动后，注意听和观察电动机有无（　　）及转向是否正确。

A. 正常声音　　　B. 颤动现象　　　C. 异常声音　　　D. 抖动现象

5. 电动机三相电流正常，使电动机运行（　　），运行中经常测试电动机的外壳温度，检查该段时间运行中的温升是否太高或太快。

A. 50 分钟　　　　B. 40 分钟　　　C. 30 分钟　　　D. 20 分钟

6. 三相异步电动机的常见故障有：电动机过热、（　　）、电动机起动后转速低或转矩小。

A. 三相电压不平衡　　　　　　　B. 轴承磨损

C. 电动机振动　　　　　　　　　D. 定子铁心装配不紧

7. 电动机正常运行后，测量电动机三相电流应平衡，空载和有负载时电流是否（　　）额定值。

A. 低于　　　　　B. 等于　　　　　C. 远小于　　　　D. 超过

8. 用手转动电动机转轴，观察电动机转动是否灵活，有无（　　）现象。

A. 噪声　　　　　B. 卡住　　　　　C. 活动　　　　　D. 噪声及卡住

9. 电动机的起动电流一般是（　　）的 5~7 倍。

A. 额定电压　　　B. 运行电压　　　C. 额定电流　　　D. 运行电流

10. 电动机三相绕组间和对地的绝缘电阻应（　　）0.5 MΩ。

    A. 大于　　　　　　B. 小于　　　　　　C. 等于　　　　　　D. 不大于

11. 为了能很好地适应调速以及在满载下频繁起动，（　　）都采用三相绕线转子异步电动机。

    A. 车床　　　　　　B. 钻床　　　　　　C. 起重机　　　　　　D. 铣床

12. 刀开关的（　　）应等于或大于电路额定电压，其额定电流应等于或稍大于电路的工作电流。

    A. 额定电压　　　　B. 动作电压　　　　C. 实际电压　　　　D. 电压

13. 安装接触器时，要求散热孔（　　）。

    A. 朝右　　　　　　B. 朝左　　　　　　C. 朝下　　　　　　D. 朝上

14. 启动按钮优先选用（　　）色按钮，急停按钮应选用（　　）色按钮，停止按钮优先选用（　　）色按钮。

    A. 绿、黑、红　　B. 白、红、红　　C. 绿、红、黑　　D. 白、红、黑

15. 行程开关应根据控制回路的（　　）和电流选择开关系列。

    A. 交流电压　　　　B. 直流电压　　　　C. 额定电压　　　　D. 交、直流电压

16. 温度继电器广泛应用于电动机绕组、大功率晶体管等器件的（　　）。

    A. 短路保护　　　　B. 过电流保护　　　C. 过电压保护　　　D. 过热保护

17. 车床电源采用三相（　　）交流电源，由电源开关 QS 引入，总电源短路保护为 FU。

    A. 220 V　　　　　　B. 380 V　　　　　　C. 500 V　　　　　　D. 1000 V

18. 机床照明、移动行灯等设备，使用的安全电压为（　　）V。

    A. 220　　　　　　　B. 110　　　　　　　C. 12　　　　　　　D. 36

19. 配线板的尺寸要小于配电柜门框的尺寸，还要考虑到元器件（　　）配线板能自由进出柜门。

    A. 拆卸后　　　　　B. 固定后　　　　　C. 拆装后　　　　　D. 安装后

20. 主回路的连接线一般采用较粗的（　　）mm² 单股塑料铜心线。

    A. 0.75　　　　　　B. 1　　　　　　　　C. 1.5　　　　　　　D. 2.5

21. 控制回路一般采用 1 mm² 的（　　）。

    A. 多股塑料铝心线　　　　　　　　　　B. 单股塑料铝心线

    C. 多股塑料铜心线　　　　　　　　　　D. 单股塑料铜心线

22. 起动电动机前，应用（　　）卡住电动机三根引线的其中一根，测量电动机的起动电流。

    A. 钳形电流表　　　B. 万用表　　　　　C. 电流表　　　　　D. 电压表

23. 在 5t 桥式起重机电路中，为了安全，除了起重机要可靠接地外，还要保证起重机轨道必须接地或重复接地，接地电阻不得大于（　　）。

    A. 16 Ω　　　　　　B. 10 Ω　　　　　　C. 8 Ω　　　　　　D. 4 Ω

24. 三相异步电动机定子绕组检修时，用短路探测器检查短路点，若检查的线圈有短路，则串在探测器回路的电流表的读数（　　）。

    A. 就大　　　　　　B. 就小　　　　　　C. 就为零　　　　　D. 视情况而可能大可能小

25. 压力继电器经常用于机械设备的（　　　）控制系统中，它能根据压力源压力的变化情况决定触点的断开或闭合，以便对机械设备提供保护或控制。

　　A. 油压　　　　　　B. 水压　　　　　　C. 气压　　　　　　D. 油压、水压、气压

26. 接线图以粗实线画主回路，以（　　　）画辅助回路。

　　A. 粗实线　　　　　B. 细实线　　　　　C. 点画线　　　　　D. 虚线

27. 电动机绝缘电阻的测量，对于常用的低压电动机，3~6 kV 的高压电阻不得（　　　）20 MΩ。

　　A. 低于　　　　　　B. 高于　　　　　　C. 等于　　　　　　D. 大于等于

28. 压力继电器的微动开关和顶杆的距离一般（　　　）0.2 mm。

　　A. 大于　　　　　　B. 小于　　　　　　C. 大于等于　　　　D. 小于等于

29. 识图的基本步骤：看图样说明，看（　　　），看安装电路图。

　　A. 主电路　　　　　B. 辅助回路　　　　C. 电气原理图　　　D. 各条回路

30. 行程开关应根据控制回路的额定电压和（　　　）选择开关系列。

　　A. 交流电流　　　　B. 直流电流　　　　C. 交、直流电流　　D. 电流

31. 变压器是将一种交流电转换成（　　　）的另一种交流电的静止设备。

　　A. 同频率　　　　　B. 不同频率　　　　C. 同功率　　　　　D. 不同功率

32. 接触器触点的开距是指触点在（　　　）时，动、静触点之间的最短距离。

　　A. 完全闭合　　　　B. 完全分开　　　　C. 闭合一半　　　　D. 分开一半

33. 低压断路器触点的磨损（　　　）的 1/3 以上或超程减少到 1/2 时，就应更换新触点。

　　A. 超过厚度　　　　B. 低于厚度　　　　C. 超过宽度　　　　D. 低于宽度

34. 三相异步电动机在刚起动的瞬间，转子、定子中的电流是（　　　）的。

　　A. 很小　　　　　　B. 很大　　　　　　C. 为零　　　　　　D. 与平时一样

35. 对于电动机不经常起动而且起动时间不长的电路，熔体额定电流约等于电动机（　　　）的 1.5 倍。

　　A. 额定电压　　　　B. 工作电压　　　　C. 额定电流　　　　D. 工作电流

36. CA6150 型车床主回路加电试车时，经过一段时间试运行，观察、检查电动机有无异常响声、异味、冒烟、振动和（　　　）等异常现象。

　　A. 温升过低　　　　B. 温升过高　　　　C. 温升不高　　　　D. 温升不变

37. CA6150 型车床控制电路由控制变压器 TC 供电，控制电源电压为 110 V，熔断器 FU2 作（　　　）。

　　A. 欠压保护　　　　B. 失压保护　　　　C. 过载保护　　　　D. 短路保护

38. CA6150 型车床在调试前准备时，应将（　　　）、绝缘电阻表、万用表和钳形电流表准备好。

　　A. 电工工具　　　　B. 电工刀　　　　　C. 活扳手　　　　　D. 电烙铁

39. CA6150 车床从安全需要考虑，快速进给电动机采用点动控制，按下快速按钮就可以（　　　）。

　　A. 主轴运动　　　　B. 照明灯控制　　　C. 信号灯控制　　　D. 快速进给

40. CA6150 型车床的调试前准备时，应测量电动机 M1、M2、M3 绕组间和对地的绝缘

电阻是否（　　）0.5 MΩ。

　　A. 大于　　　　　　B. 小于　　　　　　C. 等于　　　　　　D. 大于等于

　　41. CA6150 型车床电动机 M2、M3 的短路保护由（　　）来实现，M1 和 M2 的过载保护是由各自的热继电器来实现的。

　　A. QF1　　　　　　B. FU1　　　　　　C. KM1　　　　　　D. FR1

　　42. CA6150 型车床（　　）接通后，由控制变压器 6V 绕组供电的指示灯 HL 亮，表示车床已接通电源，可以开始工作。

　　A. 主电源　　　　B. 控制电路　　　　C. 冷却泵电动机　　D. 刀架快速移动电动机

　　43. 交流接触器由（　　）组成。

　　A. 操作手柄、动触刀、静夹座、进线座、出线座和绝缘底板

　　B. 主触点、辅助触点、灭弧装置、脱扣装置、保护装置动作机构

　　C. 电磁机构、触点系统、灭弧装置、辅助部件等

　　D. 电磁机构、触点系统、辅助部件、外壳

　　44. 热继电器是利用电流的（　　）来推动动作机构，使触点系统闭合或分断的保护电器。

　　A. 热效应　　　　B. 磁效应　　　　　C. 机械效应　　　　D. 化学效应

　　45. 在反接制动中，速度继电器（　　），其触点接在控制电路中。

　　A. 线圈串接在电动机主电路中　　　　　B. 线圈串接在电动机控制电路中

　　C. 转子与电动机同轴连接　　　　　　　D. 转子与电动机不同轴连接

　　46. 三相交流异步电动机额定转速（　　）。

　　A. 大于同步转速　　B. 小于同步转速　　C. 等于同步转速　　D. 小于转差率

　　47. 交流三相异步电动机定子单层绕组一般采用（　　）。

　　A. 单叠绕组　　　　B. 长距绕组　　　　C. 整距绕组　　　　D. 短距绕组

　　48. 交流三相异步电动机定子绕组各相首端应互差（　　）电角度。

　　A. 360°　　　　　　B. 180°　　　　　　C. 120°　　　　　　D. 90°

　　49. 铁心是变压器的（　　）。

　　A. 电路部分　　　　B. 磁路部分　　　　C. 绕组部分　　　　D. 负载部分

　　50. 单相变压器一次电压为 380 V，二次电流为 2 A，变压比 K = 10，二次电压为（　　）V。

　　A. 38　　　　　　　B. 380　　　　　　　C. 3.8　　　　　　　D. 10

　　51. 为了减少变压器的铁损，铁心多采用（　　）制成。

　　A. 铸铁　　　　　　B. 铸钢　　　　　　C. 铜　　　　　　　D. 彼此绝缘的硅钢片叠装

　　52. 三相交流异步电动机改变转动方向时可改变（　　）。

　　A. 电动势方向　　B. 电流方向　　　　C. 频率　　　　　　D. 电源相序

　　53. 按钮作为主令电器，当作为停止按钮时，其前面颜色应选（　　）色。

　　A. 绿　　　　　　　B. 黄　　　　　　　C. 白　　　　　　　D. 红

　　54. 螺旋式熔断器在电路中的正确装接方法是（　　）。

　　A. 电源线应接在熔断器上接线座，负载线应接在下接线座

　　B. 电源线应接在熔断器下接线座，负载线应接在上接线座

C. 没有固定规律，可随意连接

D. 电源线应接瓷座，负载线应接瓷帽

55. 熔断器在低压配电系统和电力驱动系统中主要起（　　　）保护作用，因此，熔断器属保护电器。

A. 轻度过载　　　　B. 短路　　　　　　C. 失压　　　　　　D. 欠压

56. 交流接触器铁心会产生（　　　）损耗。

A. 涡流和磁滞　　　B. 短路　　　　　　C. 涡流　　　　　　D. 空载

57. 中间继电器的工作原理是（　　　）。

A. 电流化学效应　　B. 电流热效应　　　C. 电流机械效应　　D. 与接触器完全相同

58. 变压器的作用是能够变压、变流、变（　　　）和变相位。

A. 频率　　　　　　B. 功率　　　　　　C. 效率　　　　　　D. 阻抗

59. 热继电器主要用于电动机的（　　　）保护。

A. 失压　　　　　　B. 欠压　　　　　　C. 短路　　　　　　D. 过载

60. 熔断器的额定电流是指（　　　）电流。

A. 熔体额定

B. 熔管额定

C. 其本身的载流部分和接触部分发热所允许通过的

D. 被保护电器设备的额定

61. 直接起动时的优点是电气设备少，维修量小和（　　　）。

A. 电路简单　　　　B. 电路复杂　　　　C. 起动转矩小　　　D. 起动电流小

62. 为保证交流电动机正反转控制的可靠性，常采用（　　　）控制电路。

A. 按钮联锁　　　　　　　　　　　　　B. 接触器联锁

C. 按钮、接触器双重联锁　　　　　　　D. 手动

63. 三相笼型异步电动机带动电动葫芦的绳轮常采用（　　　）制动方法。

A. 电磁抱闸　　　　B. 电磁离合器　　　C. 反接　　　　　　D. 能耗

64. 三相异步电动机能耗制动时，电动机处于（　　　）运动状态。

A. 电动　　　　　　B. 发电　　　　　　C. 起动　　　　　　D. 调速

65. M7130型平面磨床的冷却泵电动机，要求当砂轮电动机起动后才能起动，这种方式属于（　　　）。

A. 顺序控制　　　　B. 多地控制　　　　C. 联锁控制　　　　D. 自锁控制

66. 一台电动机铭牌上有代号S2，它的含义是（　　　）。

A. 结构形式　　　　B. 运行方式　　　　C. 绝缘等级　　　　D. 防护等级

67. 改变电枢回路的电阻调速，只能使直流电动机的转速（　　　）。

A. 上升　　　　　　B. 下降　　　　　　C. 保持不变　　　　D. 为额定

68. 对于三相笼型异步电动机的多地控制，须将多个启动按钮并联，多个停止按钮（　　　），才能达到要求。

A. 串联　　　　　　B. 并联　　　　　　C. 自锁　　　　　　D. 混联

69. 电气原理图的主要用途之一是（　　　）。

A. 提供安装位置　　　　　　　　　　　B. 设计编制接线图的基础资料

C. 表示功能图   D. 表示是框图

70. 机床控制电路的电气原理图的识读步骤的第一步是（   ）。

A. 看用电器   B. 看电源

C. 看电气控制元件   D. 看辅助电器

71. 阅读 M7130 型平面磨床电气原理图要先读（   ）。

A. 主电路   B. 控制电路

C. 电磁工作台控制电路   D. 照明和指示电路

72. 阅读电气原理图的主电路时，要按（   ）顺序。

A. 从下到上   B. 从上到下   C. 从左到右   D. 从前到后

73. 为真实反映实物大小，常用的绘图比例为（   ）。

A. 5:1   B. 2:1   C. 1:1   D. 1:2 或 1:5

74. 尺寸以（   ）为单位时，不用标注计量单位的代号和名称。

A. m   B. mm   C. cm   D. 国际单位制

75. 直流电动机常用的起动方法有：（   ）、减压起动等。

A. 弱磁起动   B. Y-△起动

C. 电枢串电阻起动   D. 变频起动

76. 直流电动机的各种制动方法中，能向电源反送电能的方法是（   ）。

A. 反接制动   B. 抱闸制动

C. 能耗制动   D. 回馈制动

77. 他励直流电动机需要反转时，一般将（   ）两头反接。

A. 励磁绕组   B. 电枢绕组

C. 补偿绕组   D. 换向绕组

78. 绕线式异步电动机转子串电阻起动时，起动电流减小，起动转矩增大的原因是(   )。

A. 转子电路的有功电流变大

B. 转子电路的无功电流变大

C. 转子电路的转差率变大

D. 转子电路的转差率变小

79. 绕线式异步电动机转子串频敏变阻器起动与串电阻分级起动相比，控制电路(   )。

A. 比较简单   B. 比较复杂

C. 只能手动控制   D. 只能自动控制

80. 以下属于多台电动机顺序控制的电路是（   ）。

A. 一台电动机正转时不能立即反转的控制电路

B. Y-△起动控制电路

C. 电梯先上升后下降的控制电路

D. 电动机 2 可以单独停止，电动机 1 停止时电动机 2 也停止的控制电路

81. 多台电动机的顺序控制电路（   ）。

A. 既包括顺序起动，又包括顺序停止

B. 不包括顺序停止

C. 不包括顺序起动

D. 通过自锁环节来实现

82. 下列不属于位置控制电路的是（　　　）。

A. 走廊照明灯的两处控制电路

B. 龙门刨床的自动往返控制电路

C. 电梯的开关门电路

D. 工厂车间里行车的终点保护电路

83. 三相异步电动机的各种电气制动方法中，能量损耗最多的是（　　　）。

A. 反接制动　　　　B. 能耗制动　　　　C. 回馈制动　　　　D. 再生制动

84. M7130 平面磨床的主电路中有（　　）电动机。

A. 三台　　　　　B. 两台　　　　　C. 一台　　　　　D. 四台

85. M7130 平面磨床控制电路中串接着转换开关的常开触点和（　　　）。

A. 欠电流继电器 KI 的常开触点

B. 欠电流继电器 KI 的常闭触点

C. 过电流继电器 KI 的常开触点

D. 过电流继电器 KI 的常闭触点

86. M7130 平面磨床中，砂轮电动机和液压泵电动机都采用了（　　　）正转控制电路。

A. 接触器自锁　　　　　　　　B. 按钮互锁

C. 接触器互锁　　　　　　　　D. 时间继电器

87. CA6150 车床控制电路中有（　　）普通按钮。

A. 2 个　　　　　B. 3 个　　　　　C. 4 个　　　　　D. 5 个

88. CA6150 车床控制电路中变压器安装在配线板的（　　　）。

A. 左方　　　　　B. 右方　　　　　C. 上方　　　　　D. 下方

89. CA6150 车床主轴电动机反转、电磁离合器 YC1 通电时，主轴的转向为（　　　）。

A. 正转　　　　　B. 反转　　　　　C. 高速　　　　　D. 低速

90. CA6150 车床（　　　）的正反转控制电路具有中间继电器互锁功能。

A. 冷却液电动机　　　　　　　B. 主轴电动机

C. 快速移动电动机　　　　　　D. 主轴

91. CA6150 车床其他正常，而主轴无制动时，应重点检修（　　　）。

A. 电源进线开关　　　　　　　B. 接触器 KM1 和 KM2 的常闭触点

C. 控制变压器 TC　　　　　　 D. 中间继电器 KA1 和 KA2 的常闭触点

92. Z3050 摇臂钻床主电路中有四台电动机，用了（　　　）个接触器。

A.　　　　　　　B. 5　　　　　　　C. 4　　　　　　　D. 3

93. Z3050 摇臂钻床中的局部照明灯由控制变压器供给（　　　）安全电压。

A. 交流 6.3 V　　　B. 交流 10 V　　　C. 交流 30 V　　　D. 交流 24 V

94. Z3050 摇臂钻床中利用（　　　）实现升降电动机断开电源完全停止后才开始夹紧的联锁。

A. 压力继电器　　　　　　　　B. 时间继电器

C. 行程开关　　　　　　　　　　　　　D. 控制按钮

95. Z3050 摇臂钻床中摇臂不能升降的原因是摇臂松开后 KM2 回路不通时，应(　　　)。

A. 调整行程开关 SQ2 位置

B. 重接电源相序

C. 更换液压泵

D. 调整速度继电器位置

96. (　　　) 由于它的机械特性接近恒功率特性，低速时转矩大，故广泛用于电动车辆牵引。

A. 串励直流电动机　　　　　　　　　B. 并励直流电动机

C. 交流异步电动机　　　　　　　　　D. 交流同步电动机

97. 一台电动机绕组是星形联结，接到线电压为 380 V 的三相电源上，测得线电流为 10 A，则电动机每相绕组的阻抗值为 (　　　) Ω。

A. 38　　　　　　　B. 22　　　　　　　C. 66　　　　　　　D. 11

98. 三相异步电动机的优点是 (　　　)。

A. 调速性能好　　　　　　　　　　　B. 交直流两用

C. 功率因数高　　　　　　　　　　　D. 结构简单

99. 维修电工以 (　　　)，安装接线图和平面布置图最为重要。

A. 电气原理图　　　　　　　　　　　B. 电气设备图

C. 电气安装图　　　　　　　　　　　D. 电气组装图

100. 短路电流很大的电气电路中宜选用 (　　　) 断路器。

A. 塑壳式　　　　　　　　　　　　　B. 限流型

C. 框架式　　　　　　　　　　　　　D. 直流快速断路器

101. 中间继电器一般用于 (　　　) 中。

A. 网络电路　　　B. 无线电路　　　C. 主电路　　　　D. 控制电路

102. 直流电动机结构复杂、价格贵、制造麻烦、维护困难，但是 (　　　)、调速范围大。

A. 起动性能差　　　　　　　　　　　B. 起动性能好

C. 起动电流小　　　　　　　　　　　D. 起动转矩小

103. 直流电动机起动时，随着转速的上升，要 (　　　) 电枢回路的电阻。

A. 先增大后减小　　B. 保持不变　　　C. 逐渐增大　　　D. 逐渐减小

104. 绕线式异步电动机转子串电阻起动时，随着转速的升高，要逐渐 (　　　)。

A. 增大电阻　　　B. 减小电阻　　　C. 串入电阻　　　D. 串入电感

105. 绕线式异步电动机转子串三级电阻起动时，可用 (　　　) 实现自动控制。

A. 压力继电器　　　　　　　　　　　B. 速度继电器

C. 电压继电器　　　　　　　　　　　D. 电流继电器

106. 设计多台电动机顺序控制电路的目的是保证 (　　　) 和工作的安全可靠。

A. 节约电能的要求　　　　　　　　　B. 操作过程的合理性

C. 降低噪声的要求　　　　　　　　　D. 减小振动的要求

107. 下列器件中，不能用作三相异步电动机位置控制的是 (　　　)。

A. 磁性开关　　　　B. 行程开关　　　　C. 倒顺开关　　　　D. 光电传感器

108. 三相异步电动机反接制动，转速接近零时要立即断开电源，否则电动机会(　　)。

A. 飞车　　　　B. 反转　　　　C. 短路　　　　D. 烧坏

109. 三相异步电动机电源反接制动时需要在定子回路中串入 (　　)。

A. 限流开关　　　　B. 限流电阻　　　　C. 限流二极管　　　　D. 限流晶体管

110. 同步电动机采用变频起动法起动时，转子励磁绕组应该 (　　)。

A. 接到规定的直流电源　　　　　　B. 串入一定的电阻后短接

C. 开路　　　　　　　　　　　　　D. 短路

111. M7130 平面磨床的主电路中有三台电动机，使用了 (　　) 热继电器。

A. 三个　　　　B. 四个　　　　C. 一个　　　　D. 两个

112. M7130 平面磨床控制电路中整流变压器安装在配线板的 (　　)。

A. 左方　　　　B. 右方　　　　C. 上方　　　　D. 下方

113. M7130 平面磨床中，冷却泵电动机 M2 必须在 (　　) 运行后才能起动。

A. 照明变压器　　　　　　　　　　B. 伺服驱动器

C. 液压泵电动机 M3　　　　　　　D. 砂轮电动机 M1

114. M7130 平面磨床中三台电动机都不能起动，转换开关 SA2 正常，熔断器和热继电器也正常，则需要检查修复 (　　)。

A. 欠电流继电器 KI　　　　　　　B. 接插器 X1

C. 接插器 X2　　　　　　　　　　D. 照明变压器 TC

115. CA6150 车床快速移动电动机通过 (　　) 控制正反转。

A. 三个位置自动复位开关　　　　　B. 两个交流接触器

C. 两个低压断路器　　　　　　　　D. 三个热继电器

116. CA6150 车床的照明灯为了保证人身安全，配线时要 (　　)。

A. 保护接地　　　　B. 不接地　　　　C. 保护接零　　　　D. 装剩余电流断路器

117. CA6150 车床主电路有电，控制电路不能工作时，应首先检修 (　　)。

A. 电源进线开关　　　　　　　　　B. 接触器 KM1 或 KM2

C. 控制变压器 TC　　　　　　　　D. 三位置自动复位开关 SA1

118. Z3050 摇臂钻床主轴电动机的控制按钮安装在 (　　)。

A. 摇臂上　　　　B. 立柱外壳　　　　C. 底座上　　　　D. 主轴箱外壳

119. Z3050 摇臂钻床中的液压泵电动机，(　　)。

A. 由接触器 KM1 控制单向旋转

B. 由接触器 KM2 和 KM3 控制点动正反转

C. 由接触器 KM4 和 KM5 控制实行正反转

D. 由接触器 KM1 和 KM2 控制自动往返工作

120. Z3050 摇臂钻床中摇臂不能升降的可能原因是 (　　)。

A. 时间继电器定时不合适　　　　　B. 行程开关 SQ3 位置不当

C. 三相电源相序接反　　　　　　　D. 主轴电动机故障

121. 光电开关的接收器根据所接收到的光线强弱对目标物体实现探测，产生 (　　)。

A. 开关信号　　　　B. 压力信号　　　　C. 警示信号　　　　D. 频率信号

122. 光电开关可以非接触、（   ）地迅速检测和控制各种固体、液体、透明体、黑体、柔软体、烟雾等物质的状态。

A. 高亮度　　　　B. 小电流　　　　C. 大转矩　　　　D. 无损伤

123. 下列（   ）场所，有可能造成光电开关的误动作，应尽量避开。

A. 办公室　　　　B. 高层建筑　　　　C. 气压低　　　　D. 灰尘较多

124. 接近开关又称无触点行程开关，因此在电路中的符号与行程开关（   ）。

A. 文字符号一样　　　　　　　　B. 图形符号一样

C. 无区别　　　　　　　　　　　D. 有区别

125. 当检测体为（   ）时，应选用高频振荡型接近开关。

A. 透明材料　　　B. 不透明材料　　　C. 金属材料　　　D. 非金属材料

126. 磁性开关可以由（   ）构成。

A. 接触器和按钮　　　　　　　　B. 二极管和电磁铁

C. 晶体管和永久磁铁　　　　　　D. 永久磁铁和干簧管

127. 磁性开关的图形符号中有一个（   ）。

A. 长方形　　　　B. 平行四边形　　　C. 菱形　　　　D. 正方形

128. 增量式光电编码器每产生一个输出脉冲信号就对应于一个（   ）。

A. 增量转速　　　B. 增量位移　　　C. 角度　　　　D. 速度

129. 增量式光电编码器由于采用相对编码，因此掉电后旋转角度数据（   ），需要重新复位。

A. 变小　　　　　B. 变大　　　　　C. 会丢失　　　　D. 不会丢失

130. 增量式光电编码器接线时，应在电源（   ）下进行。

A. 接通状态　　　B. 断开状态　　　C. 电压较低状态　　D. 电压正常状态

131. 异步测速发电机的误差主要有线性误差、剩余电压、相位误差，为减小线性误差交流异步测速发电机都采用（   ），从而可忽略转子的漏抗。

A. 电阻率大的铁磁性空心杯转子　　　B. 电阻率小的铁磁性空心杯转子

C. 电阻率小的非磁性空心杯转子　　　D. 电阻率大的非磁性空心杯转子

132. M7130 平面磨床中，砂轮电动机的热继电器经常动作，轴承正常，砂轮进给量正常，则需要检查和调整（   ）。

A. 照明变压器　　　　　　　　　B. 整流变压器

C. 热继电器　　　　　　　　　　D. 液压泵电动机

133. 使用螺钉旋具拧螺钉时要（   ）。

A. 先用力旋转，再插入螺钉槽口

B. 始终用力旋转

C. 先确认插入螺钉槽口，再用力旋转

D. 不停地插拔和旋转

134. 爱岗敬业的具体要求是（   ）。

A. 看效益决定是否爱岗　　　　　B. 转变择业观念

C. 提高职业技能　　　　　　　　D. 增强把握择业的机遇意识

135. （   ）是企业诚实守信的内在要求。

A. 维护企业信誉　　　　　　　　B. 增加职工福利

C. 注重经济效益　　　　　　　　D. 开展员工培训

136. 接近开关的图形符号中有一个（　　　）。

A. 长方形　　　　　B. 平行四边形　　　C. 菱形　　　　　D. 正方形

137. 熔断器的额定电压应（　　　）电路的工作电压。

A. 远大于　　　　　B. 不等于　　　　　C. 小于等于　　　D. 大于等于

138. 负载不变的情况下，变频器出现过电流故障，原因可能是（　　　）

A. 负载过重　　　　　　　　　　B. 电源电压不稳

C. 转矩提升功能设置不当　　　　D. 谐波时间设置过长

139. 断路器中过电流脱扣器的额定电流应该大于等于电路的（　　　）。

A. 最大允许电流　　　　　　　　B. 最大过载电流

C. 最大负载电流　　　　　　　　D. 最大短路电流

140. M7130 平面磨床控制电路中导线截面最细的是（　　　）。

A. 连接砂轮电动机 M1 的导线　　B. 连接电源开关 QF 的导线

C. 连接电磁吸盘 YH 的导线　　　D. 连接冷却泵电动机 M2 的导线

141. M7130 平面磨床中，砂轮电动机和液压泵电动机都采用了接触器（　　　）控制电路。

A. 自锁反转　　　　B. 自锁正转　　　　C. 互锁正转　　　D. 互锁反转

142. 交流接触器的作用是可以（　　　）接通和断开负载。

A. 频繁地　　　　　B. 偶尔　　　　　　C. 手动　　　　　D. 不需

143. 直流电动机按照励磁方式可分他励、（　　　）、串励和复励四类。

A. 电励　　　　　　B. 并励　　　　　　C. 激励　　　　　D. 自励

144. M7130 平面磨床中，（　　　）工作后砂轮和工作台才能进行磨削加工。

A. 电磁吸盘 YH　　B. 热继电器　　　　C. 速度继电器　　D. 照明变压器

145. 直流电动机的各种制动方法中，能平稳停车的方法是（　　　）。

A. 反接制动　　　　B. 回馈制动　　　　C. 能耗制动　　　D. 再生制动

146. M7130 平面磨床中砂轮电动机的热继电器动作的原因之一是（　　　）。

A. 电源熔断器 FU1 烧断两个　　　B. 砂轮进给量过大

C. 液压泵电动机过载　　　　　　D. 接插器 X2 接触不良

147. 行程开关根据安装环境选择防护方式，如开启式或（　　　）。

A. 防火式　　　　　B. 塑壳式　　　　　C. 防护式　　　　D. 铁壳式

148. M7130 平面磨床的三台电动机都不能起动的原因之一是（　　　）。

A. 接插器 X2 损坏　　　　　　　B. 接插器 X1 损坏

C. 热继电器的常开触点断开　　　D. 热继电器的常闭触点断开

149. M7130 平面磨床中，电磁吸盘退磁不好使工件取下困难，但退磁电路正常，退磁电压也正常，则需要检查和调整（　　　）。

A. 退磁功率　　　　B. 退磁频率　　　　C. 退磁电流　　　D. 退磁时间

150. 根据实物绘制机床电器设备的电气控制电路图，绘制步骤的第一步是（　　　）。

A. 首先绘制主运动、辅助运动和进给运动的主电路的控制电路图

B. 首先绘制主运动、辅助运动和进给运动的控制电路的电路图

C. 首先绘制保护电路的电路图

D. 首先绘制安装图

151. 直流电动机的励磁绕组和电枢绕组同时反接时，电动机的（　　　）。

A. 转速下降　　　　B. 转速上升　　　　C. 转向反转　　　　D. 转向不变

152. M7130 平面磨床的主电路中有（　　　）接触器。

A. 三个　　　　　　B. 两个　　　　　　C. 一个　　　　　　D. 四个

153. CA6150 车床（　　　）的正反转控制电路具有接触器互锁功能。

A. 冷却液电动机　　　　　　　　　B. 主轴电动机

C. 快速移动电动机　　　　　　　　D. 润滑油泵电动机

154. CA6150 车床控制电路中照明灯的额定电压是（　　　）。

A. 交流 10 V　　　B. 交流 24 V　　　C. 交流 30 V　　　D. 交流 6 V

155. 继电器接触器控制电路中的计数器，在 PLC 控制中可以用（　　　）替代。

A. M　　　　　　　B. S　　　　　　　C. C　　　　　　　D. T

156. 以下属于多台电动机顺序控制的电路是（　　　）。

A. Y-△ 起动控制电路

B. 一台电动机正转时不能立即反转的控制电路

C. 一台电动机起动后另一台电动机才能起动的控制电路

D. 两处都能控制电动机起动和停止的控制电路

157. CA6150 车床的 4 台电动机中，配线最粗的是（　　　）。

A. 快速移动电动机　　　　　　　　B. 冷却液电动机

C. 主轴电动机　　　　　　　　　　D. 润滑泵电动机

158. CA6150 车床主电路中（　　　）触点接触不良将造成主轴电动机不能正转。

A. 转换开关　　　B. 中间继电器　　　C. 接触器　　　　D. 行程开关

159. CA6150 车床主轴电动机只能正转不能反转时，应首先检修（　　　）。

A. 电源进线开关　　　　　　　　　B. 接触器 KM1 或 KM2

C. 三位置自动复位开关 SA1　　　　D. 控制变压器 TC

160. CA6150 车床 4 台电动机都缺相无法起动时，应首先检修（　　　）。

A. 电源进线开关　　　　　　　　　B. 接触器 KM1

C. 三位置自动复位开关 SA1　　　　D. 控制变压器 TC

161. 三相笼型异步电动机电源反接制动时需要在（　　　）中串入限流电阻。

A. 直流回路　　　B. 控制回路　　　C. 定子回路　　　D. 转子回路

162. M7130 平面磨床的主电路中有（　　　）熔断器。

A. 三组　　　　　　B. 两组　　　　　　C. 一组　　　　　　D. 四组

163. 对于电动机负载，熔断器熔体的额定电流应选电动机额定电流的（　　　）倍。

A. 1~1.5　　　B. 1.5~2.5　　　C. 2.0~3.0　　　D. 2.5~3.5

164. M7130 平面磨床控制电路中导线截面最粗的是（　　　）。

A. 连接砂轮电动机 M1 的导线　　　B. 连接电源开关 QF 的导线

C. 连接电磁吸盘 YH 的导线　　　　D. 连接转换开关 SA2 的导线

165. 中间继电器的选用依据是控制电路的（　　　）、电流类型、所需触点的数量和容量等。

A. 短路电流　　　　B. 电压等级　　　　C. 阻抗大小　　　　D. 绝缘等级

166. 螺旋式熔断器在电路中的正确装接方法是（　　　）。

A. 电源线应接在熔断器上接线座，负载线应接在下接线座

B. 电源线应接在熔断器下接线座，负载线应接在上接线座

C. 没有固定规律，可随意连接

D. 电源线应接瓷座，负载线应接瓷帽

167. 直流电动机转速不正常的故障原因主要有（　　　）等。

A. 换向器表面有油污　　　　　　　B. 接线错误

C. 无励磁电流　　　　　　　　　　D. 励磁绕组接触不良

168. Z3050 摇臂钻床的液压泵电动机由按钮、行程开关、时间继电器和接触器等构成的（　　　）控制电路来控制。

A. 单向起动停止　　B. 自动往返　　　C. 正反转短时　　D. 减压起动

169. Z3050 摇臂钻床中利用（　　　）实行摇臂上升与下降的限位保护。

A. 电流继电器　　B. 光电开关　　　C. 按钮　　　　　D. 行程开关

170. Z3050 摇臂钻床中液压泵电动机的正反转具有（　　　）功能。

A. 接触器互锁　　B. 双重互锁　　　C. 按钮互锁　　　D. 电磁阀互锁

171. Z3050 摇臂钻床中利用行程开关实现摇臂上升与下降的（　　　）。

A. 制动控制　　　B. 自动往返　　　C. 限位保护　　　D. 起动控制

172. Z3050 摇臂钻床中摇臂不能夹紧的可能原因是（　　　）。

A. 速度继电器位置不当　　　　　　B. 行程开关 SQ3 位置不当

C. 时间继电器定时不合适　　　　　D. 主轴电动机故障

173. 笼型异步电动机起动时冲击电流大，是因为起动时（　　　）。

A. 电动机转子绕组电动势大　　　　B. 电动机温度低

C. 电动机定子绕组频率低　　　　　D. 电动机的起动转矩大

174. Z3050 摇臂钻床中摇臂不能升降的原因是液压泵转向不对时，应（　　　）。

A. 调整行程开关 SQ2 位置　　　　　B. 重接电源相序

C. 更换液压泵　　　　　　　　　　D. 调整行程开关 SQ3 位置

175. Z3050 摇臂钻床中摇臂不能夹紧的原因是液压泵电动机过早停转时，应（　　　）。

A. 调整速度继电器位置　　　　　　B. 重接电源相序

C. 更换液压泵　　　　　　　　　　D. 调整行程开关 SQ3 位置

176. （　　　）以电气原理图、安装接线图和平面布置图最为重要。

A. 电工　　　　　B. 操作者　　　　C. 技术人员　　　D. 维修电工

177. 三相异步电动机能耗制动的控制电路至少需要（　　　）个按钮。

A. 2　　　　　　　B. 1　　　　　　　C. 4　　　　　　　D. 3

178. M7130 平面磨床的主电路中有（　　　）电动机。

A. 三台　　　　　B. 两台　　　　　C. 一台　　　　　D. 四台

179. 具有过载保护的接触器自锁控制电路中，实现过载保护的是（　　　）。

A. 熔断器 　　　　　　　　　　B. 热继电路

C. 接触器 　　　　　　　　　　D. 电源开关

180. CA6150 车床主轴电动机反转、电磁离合器 YC1 通电时，主轴的转向为（ 　　 ）。

A. 正转 　　　　B. 反转 　　　　C. 高速 　　　　D. 低速

181. 三相异步电动机的转子由转子铁心、（ 　　 ）、风扇、转轴等组成。

A. 电刷 　　　　B. 转子绕组 　　　　C. 端盖 　　　　D. 机座

182. 热继电器的作用是（ 　　 ）。

A. 短路保护 　　　　B. 过载保护 　　　　C. 失压保护 　　　　D. 零压保护

183. 刀开关必须（ 　　 ）安装，合闸时手柄朝上。

A. 水平 　　　　B. 垂直 　　　　C. 悬挂 　　　　D. 弹性

184. 交流接触器的电磁机构主要由（ 　　 ）、铁心和衔铁所组成。

A. 指示灯 　　　　B. 手柄 　　　　C. 电阻 　　　　D. 线圈

185. 热继电器由热元件、触头系统、（ 　　 ）、复位机构和整定电流装置所组成。

A. 手柄 　　　　B. 线圈 　　　　C. 动作机构 　　　　D. 电磁铁

186. 控制按钮在结构上有（ 　　 ）、紧急式、钥匙式、旋钮式、带灯式等。

A. 揿钮式 　　　　B. 电磁式 　　　　C. 电动式 　　　　D. 磁动式

187. （ 　　 ）进线应该接在刀开关上面的进线座上。

A. 电源 　　　　B. 负载 　　　　C. 电阻 　　　　D. 电感

188. （ 　　 ）进线应该接在低压断路器的上端。

A. 电源 　　　　B. 负载 　　　　C. 电阻 　　　　D. 电感

189. 安装螺旋式熔断器时，电源线必须接到瓷底座的（ 　　 ）接线端。

A. 左 　　　　B. 右 　　　　C. 上 　　　　D. 下

190. 接触器安装与接线时应将螺钉拧紧，以防振动（ 　　 ）。

A. 短路 　　　　B. 动作 　　　　C. 断裂 　　　　D. 松脱

191. 用按钮控制设备的多种工作状态时，相同工作状态的按钮安装在（ 　　 ）。

A. 最远组 　　　　B. 最近组 　　　　C. 同一组 　　　　D. 不同组

192. 为铜导线提供电气连接的组合型接线端子排相邻两片的朝向必须（ 　　 ）。

A. 一致 　　　　B. 相反 　　　　C. 相对 　　　　D. 相背

193. 漏电保护器（ 　　 ），应操作试验按钮，检验其工作性能。

A. 购买后 　　　　B. 购买前 　　　　C. 安装后 　　　　D. 安装前

194. 动力主电路由电源开关、（ 　　 ）、接触器主触头、热继电器、电动机等组成。

A. 按钮 　　　　B. 熔断器 　　　　C. 时间继电器 　　　　D. 速度继电器

195. 动力主电路的通电测试顺序应该是（ 　　 ）。

A. 先不接电动机测试接触器的动作情况，再接电动机测试

B. 先测试电动机的动作情况，再测试接触器的动作情况

C. 先测试热继电器的动作情况，再测试接触器的动作情况

D. 先测试按钮的动作情况，再接电动机测试

196. 动力控制电路由熔断器、热继电器、按钮、行程开关、（ 　　 ）等组成。

A. 接触器主触头 　　B. 汇流排 　　　　C. 接触器线圈 　　　　D. 电动机

197. 动力控制电路通电测试的最终目的是（　　　）。

A. 观察各按钮的工作情况是否符合控制要求

B. 观察各接触器的动作情况是否符合控制要求

C. 观察各熔断器的工作情况是否符合控制要求

D. 观察各断路器的工作情况是否符合控制要求

198. 三相异步电动机中，旋转磁场的转向取决于电流的（　　　）。

A. 方向 　　　　 B. 相序 　　　　 C. 性质 　　　　 D. 大小

199. 三相异步电动机的额定转速是指满载时的（　　　）。

A. 转子转速 　　 B. 磁场转速 　　 C. 皮带转速 　　 D. 齿轮转速

200. 异步电动机工作在发电状态时，其转差率的范围是（　　　）。

A. $s=1$ 　　　 B. $s>0$ 　　　 C. $s<0$ 　　　 D. $s=0$

201. 异步电动机减压起动时，起动电流减小的同时，起动转矩减小（　　　）。

A. 不确定 　　　 B. 一样 　　　 C. 更少 　　　 D. 更多

202. 异步电动机工作在制动状态时，（　　　）输入机械功率。

A. 机座 　　　　 B. 电源 　　　　 C. 轴上 　　　　 D. 端盖

203. 转子串电阻调速只适合于（　　　）异步电动机。

A. 深槽式 　　　 B. 无刷式 　　　 C. 笼型 　　　　 D. 绕线式

204. 装配交流接触器的一般步骤是（　　　）。

A. 动铁心—静铁心—辅助触头—主触头—灭弧罩

B. 动铁心—静铁心—辅助触头—灭弧罩—主触头

C. 动铁心—静铁心—主触头—灭弧罩—辅助触头

D. 静铁心—辅助触头—灭弧罩—主触头—动铁心

205. 拆卸变压器的铁心是比较困难的，因为变压器制造时（　　　），并与绕组一起浸渍绝缘漆。

A. 铁心很重 　　　　　　　　　　 B. 铁心熔化

C. 铁心插得很紧 　　　　　　　　 D. 铁心焊接在一起

206. 三相异步电动机的常见故障有：（　　　）、电动机振动、电动机起动后转速低或转矩小。

A. 机械负载过大 　　　　　　　　 B. 电动机过热

C. 电压严重不平衡 　　　　　　　 D. 铁心变形

207. 熔断器在低压配电系统和电力驱动系统中主要起（　　　）保护作用，因此，熔断器属保护电器。

A. 轻度过载 　　 B. 短路 　　　　 C. 失压 　　　　 D. 欠压

208. 三相异步电动机的点动控制电路中（　　　）停止按钮。

A. 需要 　　　　 B. 不需要 　　　 C. 采用 　　　　 D. 安装

209. 三相异步电动机定子串电阻起动时，起动电流减小，起动转矩（　　　）。

A. 不定 　　　　 B. 不变 　　　　 C. 减小 　　　　 D. 增大

210. 三相笼型异步电动机采用丫-△起动时，起动转矩是直接起动转矩的（　　　）倍。

A. 2 　　　　　　 B. 1/2 　　　　　 C. 3 　　　　　　 D. 1/3

211. 三相异步电动机延边三角形起动时，起动转矩与直接起动转矩的比值是（　　）。

A. 大于 1/3，小于 1
B. 大于 1，小于 3
C. 1/3
D. 3

212. 自耦变压器减压起动一般适用于（　　）、负载较重的三相笼型异步电动机。

A. 容量特小
B. 容量较小
C. 容量较大
D. 容量特大

213. 用接触器控制异步电动机正反转的电路中，既要安全可靠又要能够直接反转，则需要（　　）控制环节。

A. 按钮、接触器双重联锁
B. 按钮联锁
C. 接触器联锁
D. 热继电器联锁

214. 三相异步电动机回馈制动时，将机械能转换为电能，回馈到（　　）。

A. 负载
B. 转子绕组
C. 定子绕组
D. 电网

215. 绕线式异步电动机转子串电阻起动时，随着转速的升高，要逐段（　　）起动电阻。

A. 切除
B. 投入
C. 串联
D. 并联

216. 双速电动机的定子绕组由 △ 接法变为 Y 接法时，极对数减少一半，转速（　　）。

A. 降低至一半
B. 升高一倍
C. 降低至 1/4
D. 升高二倍

217. 电磁抱闸制动一般用于（　　）的场合。

A. 迅速停车
B. 迅速反转
C. 限速下放重物
D. 调节电动机速度

218. 三相异步电动机工作时，其电磁转矩是由旋转磁场与（　　）共同作用产生的。

A. 定子电流
B. 转子电流
C. 转子电压
D. 电源电压

219. 交流接触器的文字符号是（　　）。

A. QS
B. SQ
C. SA
D. KM

220. 三相异步电动机的起停控制电路中需要有短路保护、过载保护和（　　）功能。

A. 失磁保护
B. 超速保护
C. 零速保护
D. 失压保护

221. 电气安装经常使用的角钢是黑铁角钢，刷红丹防锈漆和（　　）。

A. 银色面漆
B. 灰色面漆
C. 白色面漆
D. 金色面漆

222. （　　）与其他电器安装在一起时，应将它安装在其他电器的下方。

A. 热继电器
B. 时间继电器
C. 速度继电器
D. 中间继电器

223. 交流接触器铁心会产生（　　）损耗。

A. 涡流和磁滞
B. 短路
C. 涡流
D. 空载

224. 漏电保护器主要用于设备发生（　　）时以及对有致命危险的人身触电进行保护。

A. 电气火灾
B. 电气过载
C. 电气短路
D. 漏电故障

225. 刀开关必须（　　），合闸状态时手柄应朝上，不允许倒装或平装。

A. 前后安装
B. 水平安装
C. 垂直安装
D. 左右安装

226. 低压断路器与熔断器配合使用时，熔断器应装于断路器（　　）。

A. 左边
B. 右边
C. 之后
D. 之前

227. 漏电保护器负载侧的中性线（　　）与其他回路共用。

A. 允许
B. 不得
C. 必须
D. 通常

228. 三相异步电动机中，改变旋转磁场转向的方法是（　　）。

A. 改变电流的方向　　　　　　　　B. 调换相线和零线

C. 任意调换两根电源线　　　　　　D. 任意调换三根电源线

229. 中小型异步电动机的额定功率越大，其额定转差率的数值（　　）。

A. 越大　　　　　B. 越小　　　　　C. 不确定　　　　　D. 为零

230. 异步电动机的起动转矩正比于起动电压的（　　）。

A. 平方根　　　　B. 平方　　　　　C. 立方　　　　　D. 立方根

231. 绕线式异步电动机转子串电阻调速属于（　　）。

A. 变电压调速　　B. 变频调速　　　C. 变转差率调速　D. 变极调速

232. 拆卸交流接触器的一般步骤是（　　）。

A. 灭弧罩—主触头—辅助触头—动铁心—静铁心

B. 灭弧罩—主触头—辅助触头—静铁心—动铁心

C. 灭弧罩—辅助触头—动铁心—静铁心—主触头

D. 灭弧罩—主触头—动铁心—静铁心—辅助触头

233. 三相异步电动机空载运行时，若某一相电路突然断开，则电动机（　　）。

A. 立即冒烟　　　B. 引起飞车　　　C. 立即停转　　　D. 继续旋转

234. 三相异步电动机多处控制时，若其中一个停止按钮接触不良，则电动机（　　）。

A. 会过流　　　　B. 会缺相　　　　C. 不能停止　　　D. 不能起动

235. 正常运行时定子绕组（　　）的三相异步电动机才能采用延边三角形起动。

A. TT 接法　　　B. $\curlyvee/\triangle$ 接法　　C. $\curlyvee$ 接法　　　D. $\triangle$ 接法

236. 工厂车间的行车需要位置控制，行车两头的终点处各安装一个位置开关，两个位置开关要分别（　　）在正传和反转控制电路中。

A. 短接　　　　　B. 并联　　　　　C. 串联　　　　　D. 混联

237. 自动往返控制电路需要对电动机实现自动转换的（　　）才行。

A. 时间控制　　　B. 点动控制　　　C. 顺序控制　　　D. 正反转控制

238. 三相异步电动机采用（　　）时，能量消耗小，制动平稳。

A. 发电制动　　　B. 回馈制动　　　C. 能耗制动　　　D. 反接制动

239. 三相异步电动机回馈制动时，定子绕组中流过（　　）。

A. 高压电　　　　B. 直流电　　　　C. 三相交流电　　D. 单相交流电

240. 双速电动机$\triangle/\curlyvee\curlyvee$变极调速，近似属于（　　）调速方式。

A. 恒转速　　　　B. 恒电流　　　　C. 恒转矩　　　　D. 恒功率

241. 根据机械与行程开关传力和位移关系选择合适的（　　）。

A. 电流类型　　　B. 电压等级　　　C. 接线型式　　　D. 头部型式

242. 压力继电器选用时首先要考虑所测对象的压力范围，还要符合电路中的额定电压，（　　），所测管路接口管径的大小。

A. 触点的功率因数　　　　　　　　B. 触点的电阻率

C. 触点的绝缘等级　　　　　　　　D. 触点的电流容量

243. 直流电动机的转子由电枢铁心、电枢绕组、（　　）、转轴等组成。

A. 接线盒　　　　B. 换向极　　　　C. 主磁极　　　　D. 换向器

244. 直流电动机降低电枢电压调速时，属于（ ）调速方式。

A. 恒转矩　　　B. 恒功率　　　C. 通风机　　　D. 泵类

245. 下列故障原因中（ ）会造成直流电动机不能起动。

A. 电源电压过高　　　　　　　　B. 电源电压过低

C. 电刷架位置不对　　　　　　　D. 励磁回路电阻过大

246. 位置控制就是利用生产机械运动部件上的挡铁与（ ）碰撞来控制电动机的工作状态。

A. 断路器　　　B. 位置开关　　　C. 按钮　　　D. 接触器

247. 三相异步电动机倒拉反接制动时需要（ ）。

A. 转子串入较大的电阻　　　　　B. 改变电源的相序

C. 定子通入直流电　　　　　　　D. 改变转子的相序

248. 三相异步电动机再生制动时，将机械能转换为电能，回馈到（ ）。

A. 负载　　　B. 转子绕组　　　C. 定子绕组　　　D. 电网

249. 同步电动机采用异步起动法起动时，转子励磁绕组应该（ ）。

A. 接到规定的直流电源　　　　　B. 串入一定的电阻后短接

C. 开路　　　　　　　　　　　　D. 短路

250. 中间继电器的工作原理是（ ）。

A. 电流化学效应　B. 电流热效应　C. 电流机械效应　D. 与接触器完全相同

251. 软起动器可用于频繁或不频繁起动，建议每小时不超过（ ）。

A. 20 次　　　B. 5 次　　　C. 100 次　　　D. 10 次

252. 水泵停车时，软起动器应采用（ ）。

A. 自由停车　　　B. 软停车　　　C. 能耗制动停车　D. 反接制动停车

253. 内三角接法软起动器只需承担（ ）的电动机线电流。

A. 1/ 3　　　B. 1/3　　　C. 3　　　D. 3

254. Z3050 摇臂钻床的冷却泵电动机由（ ）控制。

A. 接插器　　　B. 接触器　　　C. 按钮点动　　　D. 手动开关

255. 变压器的作用是能够变压、变流、变（ ）和变相位。

A. 频率　　　B. 功率　　　C. 效率　　　D. 阻抗

256. M7130 平面磨床控制电路的控制信号主要来自（ ）。

A. 工控机　　　B. 变频器　　　C. 按钮　　　D. 触摸屏

257. M7130 平面磨床控制电路中的两个热继电器常闭触点的连接方法是（ ）。

A. 并联　　　B. 串联　　　C. 混联　　　D. 独立

258. 接触器的额定电流应不小于被控电路的（ ）。

A. 额定电流　　　B. 负载电流　　　C. 最大电流　　　D. 峰值电流

259. 直流电动机弱磁调速时，转速只能从额定转速（ ）。

A. 降低至一半　　B. 开始反转　　　C. 往上升　　　D. 往下降

260. M7130 平面磨床中电磁吸盘吸力不足的原因之一是（ ）。

A. 电磁吸盘的线圈内有匝间短路　　B. 电磁吸盘的线圈内有开路点

C. 整流变压器开路　　　　　　　　D. 整流变压器短路

261. M7130 平面磨床中三台电动机都不能起动，电源开关 QF 和各熔断器正常，转换开关 SA2 和欠电流继电器也正常，则需要检查修复（　　）。

A. 照明变压器 T2　B. 热继电器　　　　C. 接插器 X1　　　　D. 接插器 X2

262. M7130 平面磨床中三台电动机都不能起动，转换开关 SA2 正常，熔断器和热继电器也正常，则需要检查修复（　　）。

A. 欠电流继电器 KUC　　　　　　　B. 接插器 X1

C. 接插器 X2　　　　　　　　　　　D. 照明变压器 T2

263. 三相异步电动机的位置控制电路中，除了用行程开关外，还可用（　　）。

A. 断路器　　　B. 速度继电器　　C. 热继电器　　　D. 光电传感器

264. 直流电动机结构复杂、价格贵、制造麻烦、维护困难，但是起动性能好、（　　）。

A. 调速范围大　　　　　　　　　　B. 调速范围小

C. 调速力矩大　　　　　　　　　　D. 调速力矩小

265. 热继电器主要用于电动机的（　　）保护。

A. 失压　　　　　B. 欠压　　　　　C. 短路　　　　　D. 过载

266. CA6150 车床主电路有电，控制电路不能工作时，应首先检修（　　）。

A. 电源进线开关　　　　　　　　　B. 接触器 KM1 或 KM2

C. 控制变压器 TC　　　　　　　　D. 三位置自动复位开关 SA1

267. CA6150 车床 4 台电动机都缺相无法起动时，应首先检修（　　）。

A. 电源进线开关　　　　　　　　　B. 接触器 KM1

C. 三位置自动复位开关 SA1　　　　D. 控制变压器 TC

268. Z3050 摇臂钻床主电路中的 4 台电动机，有（　　）台电动机需要正反转控制。

A. 2　　　　　B. 3　　　　　C. 4　　　　　D. 1

269. 有一台三相交流电动机，每相绕组的额定电压为 220 V，对称三相电源的线电压为 380 V，则电动机的三相绕组应采用的联结方式是（　　）。

A. 星形联结，有中线　　　　　　　B. 星形联结，无中线

C. 三角形联结　　　　　　　　　　D. A、B 均可

270. 三相异步电动机具有结构简单、工作可靠、重量轻、（　　）等优点。

A. 调速性能好　　B. 价格低　　　　C. 功率因数高　　D. 交直流两用

271. 绘制电气原理图时，通常把主电路和辅助电路分开，主电路用粗实线画在辅助电路的左侧或（　　）。

A. 上部　　　　　B. 下部　　　　　C. 右侧　　　　　D. 任意位置

272. 在分析较复杂电气原理图的辅助电路时，要对照（　　）进行分析。

A. 主电路　　　　B. 控制电路　　　C. 辅助电路　　　D. 连锁与保护环节

273. 直流电动机转速不正常的原因主要有（　　）等。

A. 换向器表面有油污　　　　　　　B. 接线错误

C. 无励磁电流　　　　　　　　　　D. 励磁回路电阻过大

274. 直流电动机因电刷牌号不相符导致电刷下火花过大时，应更换（　　）的电刷。

A. 高于原规格　　B. 低于原规格　　C. 原牌号　　　　D. 任意

275. 直流电动机滚动轴承发热的主要原因有（　　）等。

A. 轴承与轴承室配合过松　　　　B. 轴承变形

C. 电动机受潮　　　　　　　　　D. 电刷架位置不对

276. 造成直流电动机漏电的主要原因有（　　）等。

A. 电动机绝缘老化　　　　　　　B. 并励绕组局部短路

C. 转轴变形　　　　　　　　　　D. 电枢不平衡

277. 检查波形绕组开路故障时，在六级电动机里，换向器上应有（　　）烧毁的墨点。

A. 两个　　　　　B. 三个　　　　　C. 四个　　　　　D. 五个

278. 检查波形绕组开路故障时，在六级电动机的电枢中吗，线圈两端是分别接在相距（　　）的两片换向上的。

A. 二分之一　　　B. 三分之一　　　C. 四分之一　　　D. 五分之一

279. 用试灯检查电枢绕组对地短路故障时，因试验所用为交流电源，从安全方面考虑应采用（　　）电压。

A. 36 V　　　　　B. 110　　　　　C. 220 V　　　　　D. 380 V

280. 车修换向器表面时，加工后换向器与轴的同轴度不超过（　　）。

A. 0.02-0.03 mm　B. 0.03-0.35 mm　C. 0.35-0.4 mm　D. 0.4-0.45 mm

281. 对于振动负载或起重用电动机，电刷压力要比一般电动机增加（　　）。

A. 30%-40%　　　B. 40%-50%　　　C. 50%-70%　　　D. 75%

282. 采用热装法安装滚动轴承时，首先将轴承放在油锅里煮，约煮（　　）。

A. 2 min　　　　　B. 3-5 min　　　　C. 5-10 min　　　　D. 15 min

283. 进行较复杂的机械设备的反馈强度整定，使电枢电流等于额定电流的 1.4 倍时，调节（　　）使电动机停下来。

A. RP1　　　　　B. RP2　　　　　C. RP3　　　　　D. RP4

284. CA6150 型车床三相交流电源通过电源开关引入端子板，并分别接到接触器 KM1 和熔断器 FU1 上，从接触器 KM1 出来后接到热继电器 FR1 上，并与电动机（　　）相连接。

A. M1　　　　　B. M2　　　　　C. M3　　　　　D. M4

285. CA6150 型车床控制电路的电源是通过变压器 TC 引入到熔断器 FU2，经过串联在一起的热继电器 FR1 和 FR2 的辅助触点接到端子板（　　）。

A. 1 号线　　　　B. 2 号线　　　　C. 4 号线　　　　D. 6 号线

286. 电气测绘前，先要了解原电路的控制过程、控制顺序、控制方法和（　　）等。

A. 布线规律　　　B. 工作原理　　　C. 元器件特点　　D. 工艺

287. 电气测绘时，一般先（　　），最后测绘各回路。

A. 测输入端　　　B. 测主干路　　　C. 简单后复杂　　D. 测主电路

288. 电气测绘时，应避免大拆大卸，对去掉的线头应（　　）。

A. 作记号　　　　B. 恢复绝缘　　　C. 不考虑　　　　D. 重新连接

289. 刀开关的文字符号是（　　）。

A. QS　　　　　B. SQ　　　　　C. SA　　　　　D. KM

290. 用螺钉旋具拧紧可能带电的螺钉时，手指应该（　　）螺钉旋具的金属部分。

A. 接触　　　　　B. 压住　　　　　C. 抓住　　　　　D. 不接触

291. 三相异步电动机能耗制动的过程可用（　　　）来控制。

A. 电流继电器　　　B. 电压继电器　　　C. 速度继电器　　　D. 热继电器

292. 三相异步电动机再生制动时，定子绕组中流过（　　　）。

A. 高压电　　　　B. 直流电　　　　C. 三相交流电　　　D. 单相交流电

293. CA6150 车床控制电路中的中间继电器 KA1 和 KA2 常闭触点故障时会造成（　　　）。

A. 主轴无制动　　　　　　　　B. 主轴电动机不能起动

C. 润滑油泵电动机不能起动　　D. 冷却液电动机不能起动

294. Z3050 摇臂钻床中主轴箱与立柱的夹紧和放松控制按钮安装在（　　　）。

A. 摇臂上　　　　　　　　　　B. 主轴箱移动手轮上

C. 主轴箱外壳　　　　　　　　D. 底座上

295. 定子绕组串电阻的减压起动是指电动机起动时，把电阻串接在电动机定子绕组与电源之间，通过电阻的分压作用来（　　　）定子绕组上的起动电压。

A. 提高　　　　B. 减少　　　　C. 加强　　　　D. 降低

296. 直流电动机的定子由机座、主磁极、换向极及（　　　）等部件组成。

A. 电刷装置　　　B. 电枢铁心　　　C. 换向器　　　D. 电枢绕组

297. CA6150 车床控制电路中有（　　　）行程开关。

A. 3 个　　　　B. 4 个　　　　C. 5 个　　　　D. 6 个

298. CA6150 车床控制电路无法工作的原因是（　　　）。

A. 接触器 KM1 损坏　　　　　　B. 控制变压器 TC 损坏

C. 接触器 KM2 损坏　　　　　　D. 三位置自动复位开关 SA1 损坏

299. 电气控制电路图测绘的一般步骤是设备停电，先画电器布置图，再画（　　　），最后再画出电气原理图。

A. 电动机位置图　　　　　　　B. 电器接线图

C. 按钮布置图　　　　　　　　D. 开关布置图

300. 电气控制电路图测绘的方法是先画主电路；再画控制电路；（　　　）；先画主干线，再画各分支；先简单后复杂。

A. 先画机械，再画电气　　　　B. 先画电气，再画机械

C. 先画输入端，再画输出端　　D. 先画输出端，再画输入端

301. 小型变压器空载电压的测试，一次侧加上额定电压，测量二次侧空载电压的允许误差应（　　　）±10%。

A. 大于　　　　B. 小于　　　　C. 等于　　　　D. 大于等于

302. 电动机起动后，注意听和观察电动机有无（　　　）及转向是否正确。

A. 正常声音　　　B. 颤动现象　　　C. 异常声音　　　D. 抖动现象

303. 电动机三相电流正常，使电动机运行（　　　），运行中经常测试电动机的外壳温度，检查时间运行中的温升是否太高或太快。

A. 50 分钟　　　B. 40 分钟　　　C. 30 分钟　　　D. 20 分钟

304. 熔断器的额定电流是指（　　　）电流。

A. 熔体额定

B. 熔管额定

C. 其本身的载流部分和接触部分发热所允许通过的

D. 被保护电器设备的额定

305. 电动机正常运行后，测量电动机三相电流应平衡，空载和有负载时电流是否（　　）额定值。

A. 低于　　　　　B. 等于　　　　　C. 远小于　　　　　D. 超过

306. 用手转动电动机转轴，观察电动机转动是否灵活，有无（　　）现象。

A. 噪音　　　　　B. 卡住　　　　　C. 活动　　　　　D. 噪声及卡住

307. 电动机的起动电流一般是（　　）的 5~7 倍。

A. 额定电压　　　B. 运行电压　　　C. 额定电流　　　D. 运行电流

308. 电动机三相绕组间和对地的绝缘电阻应（　　）0.5 MΩ。

A. 大于　　　　　B. 小于　　　　　C. 等于　　　　　D. 不大于

309. 为了能很好地适应调速以及在满载下频繁起动，（　　）都采用三相绕线转子异步电动机。

A. 车床　　　　　B. 钻床　　　　　C. 起重机　　　　D. 铣床

310. 刀开关的（　　）应等于或大于电路额定电压，其额定电流应等于或稍大于电路的工作电流。

A. 额定电压　　　B. 动作电压　　　C. 实际电压　　　D. 电压

311. 安装接触器时，要求散热孔（　　）。

A. 朝右　　　　　B. 朝左　　　　　C. 朝下　　　　　D. 朝上

312. 三相交流异步电动机改变转动方向时可改变（　　）。

A. 电动势方向　　B. 电流方向　　　C. 频率　　　　　D. 电源相序

313. 行程开关应根据控制回路的（　　）和电流选择开关系列。

A. 交流电压　　　B. 直流电压　　　C. 额定电压　　　D. 交、直流电压

314. 温度继电器广泛应用于电动机绕组、大功率晶体管等器件的（　　）。

A. 短路保护　　　B. 过电流保护　　C. 过电压保护　　D. 过热保护

315. 车床电源采用三相（　　）交流电源，由电源开关 QS 引入，总电源短路保护为 FU。

A. 220 V　　　　B. 380 V　　　　C. 500 V　　　　D. 1000 V

316. 机床照明、移动行灯等设备，使用的安全电压为（　　）V。

A. 220　　　　　B. 110　　　　　C. 12　　　　　D. 36

317. 配电板的尺寸要小于配电柜门框的尺寸，还要考虑到电器元件（　　）配电板能自由进出柜门。

A. 拆卸后　　　　B. 固定后　　　　C. 拆装后　　　　D. 安装后

318. 主回路的连接线一般采用较粗的（　　）mm² 单股塑料铜芯线。

A. 0.75　　　　　B. 1　　　　　C. 1.5　　　　　D. 2.5

319. 控制回路一般采用 1 mm² 的（　　）。

A. 多股塑料铝芯线　　　　　　　B. 单股塑料铝芯线

C. 多股塑料铜芯线　　　　　　　D. 单股塑料铜芯线

320. 起动电动机前，应用（　　）卡住电动机三根引线的其中一根，测量电动机的起

动电流。

    A. 钳形电流表   B. 万用表   C. 电流表   D. 电压表

321. 在 5 t 桥式起重机电路中，为了安全，除了起重机要可靠接地外，还要保证起重机轨道必须接地或重复接地，接地电阻不得大于（   ）。

    A. 16 Ω   B. 10 Ω   C. 8 Ω   D. 4 Ω

322. 三相异步电动机定子绕组检修时，用短路探测器检查短路点，若检查的线圈有短路，则串在探测器回路的电流表的读数（   ）。

    A. 就大   B. 就小   C. 就为零   D. 视情况而可能大可能小

323. 压力继电器经常用于机械设备的（   ）控制系统中，它能根据压力源压力的变化情况决定触点的断开或闭合，以便对机械设备提供保护或控制。

    A. 油压   B. 水压   C. 气压   D. 油压、水压、气压

324. 接线图以粗实线画主回路，以（   ）画辅助回路。

    A. 粗实线   B. 细实线   C. 点画线   D. 虚线

325. 电动机绝缘电阻的测量，对于常用的低压电动机，3~6 kV 的高压电阻不得（   ）20 MΩ。

    A. 低于   B. 高于   C. 等于   D. 大于等于

326. 压力继电器的微动开关和顶杆的距离一般（   ）0.2 mm。

    A. 大于   B. 小于   C. 大于等于   D. 小于等于

327. 识图的基本步骤：看图样说明，看（   ），看安装电路图。

    A. 主电路   B. 辅助回路   C. 电气原理图   D. 各条回路

328. 行程开关应根据控制回路的额定电压和（   ）选择开关系列。

    A. 交流电流   B. 直流电流   C. 交、直流电流   D. 电流

329. 变压器是将一种交流电转换成（   ）的另一种交流电的静止设备。

    A. 同频率   B. 不同频率   C. 同功率   D. 不同功率

330. 接触器触点的开距是指触点在（   ）时，动、静触点之间的最短距离。

    A. 完全闭合   B. 完全分开   C. 闭合一半   D. 分开一半

331. 低压断路器触点的磨损（   ）的 1/3 以上或超程减少到 1/2 时，就应更换新触点。

    A. 超过厚度   B. 低于厚度   C. 超过宽度   D. 低于宽度

332. 三相异步电动机在刚起动的瞬间，转子、定子中的电流是（   ）的。

    A. 很小   B. 很大   C. 为零   D. 与平时一样

333. 对于电动机不经常起动而且起动时间不长的电路，熔体额定电流约等于电动机（   ）的 1.5 倍。

    A. 额定电压   B. 工作电压   C. 额定电流   D. 工作电流

334. CA6150 型车床主回路加电试车时，经过一段时间试运行，观察、检查电动机有无异常响声、异味、冒烟、振动和（   ）等异常现象。

    A. 温升过低   B. 温升过高   C. 温升不高   D. 温升不变

335. CA6150 型车床控制电路由控制变压器 TC 供电，控制电源电压为 110 V，熔断器 FU2 做（   ）。

A. 欠压保护　　　B. 失压保护　　　C. 过载保护　　　D. 短路保护

336. CA6150 型车床的调试前准备时，应将（　　）、兆欧表、万用表和钳形电流表准备好。

　　A. 电工工具　　　B. 电工刀　　　C. 活扳手　　　D. 电烙铁

337. CA6150 车床从安全需要考虑，快速进给电动机采用点动控制，按下快速按钮就可以（　　）。

　　A. 主轴运动　　　B. 照明灯控制　　　C. 信号灯控制　　　D. 快速进给

338. CA6150 型车床的调试前准备时，应测量电动机 M1、M2、M3 绕组间和对地的绝缘电阻是否（　　）0.5 MΩ。

　　A. 大于　　　B. 小于　　　C. 等于　　　D. 大于等于

339. CA6150 型车床电动机 M2、M3 的短路保护由（　　）来实现，M1 和 M2 的过载保护是由各自的热继电器来实现的。

　　A. QF1　　　B. FU1　　　C. KM1　　　D. FR1

340. CA6150 型车床（　　）接通后，由控制变压器 6V 绕组供电的指示灯 HL 亮，表示车床已接通电源，可以开始工作。

　　A. 主电源　　　B. 控制电路　　　C. 冷却泵电动机　　　D. 刀架快速移动电动机

341. 将变压器的一次侧绕组接交流电源，二次侧绕级与负载连接，这种运行方式称为（　　）运行。

　　A. 空载　　　B. 过载　　　C. 负载　　　D. 满载

342. 交流接触器由（　　）组成。

　　A. 操作手柄、动触刀、静夹座、进线座、出线座和绝缘底板

　　B. 主触头、辅助触头、灭弧装置、脱扣装置、保护装置动作机构

　　C. 电磁机构、触头系统、灭弧装置、辅助部件等

　　D. 电磁机构、触头系统、辅助部件、外壳

343. 热继电器是利用电流的（　　）来推动动作机构，使触头系统闭合或分断的保护电器。

　　A. 热效应　　　B. 磁效应　　　C. 机械效应　　　D. 化学效应

344. 在反接制动中，速度继电器（　　），其触头接在控制电路中。

　　A. 线圈串接在电动机主电路中　　　B. 线圈串接在电动机控制电路中

　　C. 转子与电动机同轴连接　　　D. 转子与电动机不同轴连接

345. 三相交流异步电动机额定转速（　　）。

　　A. 大于同步转速　　　B. 小于同步转速　　　C. 等于同步转速　　　D. 小于转差率

346. 交流三相异步电动机定子单层绕组一般采用（　　）。

　　A. 单叠绕组　　　B. 长距绕组　　　C. 整距绕组　　　D. 短距绕组

347. 交流三相异步电动机定子绕组各相首端应互差（　　）电角度。

　　A. 360°　　　B. 180°　　　C. 120°　　　D. 90°

348. 铁心是变压器的（　　）。

　　A. 电路部分　　　B. 磁路部分　　　C. 绕组部分　　　D. 负载部分

349. 单相变压器一次电压为 380 V，二次电流为 2 A，变压比 $K=10$，二次电压为（　　）V。

A. 38   B. 380   C. 3.8   D. 10

350. 为了减少变压器的铁损，铁心多采用（   ）制成。

A. 铸铁   B. 铸钢   C. 铜   D. 彼此绝缘的硅钢片叠装

二、判断题

1. （   ）分析控制电路时，如电路较复杂，则可先排除照明、显示等与控制关系不密切的电路，集中进行主要功能分析。

2. （   ）电工在维修有故障的设备时，重要部件必须加倍爱护，而像螺钉螺帽等通用件可以随意放置。

3. （   ）时间继电器的选用主要考虑以下三方面：类型、延时方式和线圈电压。

4. （   ）直流电动机按照励磁方式可分自励、并励、串励和复励四类。

5. （   ）绕线式异步电动机转子串电阻起动电路中，一般用电位器做起动电阻。

6. （   ）多台电动机的顺序控制功能既可以在主电路中实现，也能在控制电路中实现。

7. （   ）三相异步电动机电源反接制动的主电路与反转的主电路类似。

8. （   ）CA6150 车床电气控制电路中的变压器安装在配线板外。

9. （   ）当被检测物体的表面光亮或其反光率极高时，对射式光电开关是首选的检测模式。

10. （   ）M7130 平面磨床的三台电动机都不能起动的大多数原因是欠电流继电器 KI 和转换开关 SA2 的触点接触不良、接线松脱，使电动机的控制电路处于断电状态。

11. （   ）三相异步电动机具有结构简单、价格低廉、工作可靠等优点，但调速性能较差。

12. （   ）为了防止发生人身触电事故和设备短路或接地故障，带电体之间、带电体与地面之间、带电体与其他设施之间、工作人员与带电体之间必须保持最小的空气间隙，称为安全距离。

13. （   ）交流接触器与直梳接触器的使用场合不同。

14. （   ）三相异步电动机的起停控制电路中需要有短路保护和过载保护的功能。

15. （   ）控制按钮应根据使用场合环境条件的好坏分别选用开启式、防水式、防腐式等。

16. （   ）直流电动机的转子由电枢铁心、绕组、换向器和电刷装置等组成。

17. （   ）三相异步电动机的转差率小于零时，工作在再生制动状态。

18. （   ）CA6150 车床主轴电动机反转时，主轴的转向也跟着改变。

19. （   ）熔断器用于三相异步电动机的过载保护。

20. （   ）直流电动机的电气制动方法有：能耗制动、反接制动、回馈制动等。

21. （   ）星形接法的异步电动机可选用两相结构的热继电器。

22. （   ）同步电动机的起动方法与异步电动机一样。

23. （   ）三相异步电动机的转向与旋转磁场的方向相反时，工作在再生制动状态。

24. （   ）M7130 平面磨床电气控制电路中的三个电阻安装在配线板外。

25. （   ）直流电动机弱磁调速时，励磁电流越小，转速越高。

26. （   ）Z3050 摇臂钻床中摇臂不能升降的原因是液压泵转向不对时，应重接电源相序。

27. （   ）低压电器的符号由图形符号和文字符号两部分组成。

28. （   ）三相异步电动机工作时，其转子的转速不等于旋转磁场的转速。

29. （   ）Z3050 摇臂钻床加工螺纹时主轴需要正反转，因此主轴电动机需要正反转控制。

30. （   ）M7130 平面磨床的控制电路由直流 220 V 电压供电。

31. （   ）多台电动机的顺序控制功能无法在主电路中实现。

32. （   ）熔断器类型的选择依据是负载的保护特性、短路电流的大小、使用场合、安装条件和各类熔断器的适用范围。

33. （   ）三相异步电动机能耗制动是定子绕组中通入单相交流电。

34. （   ）中间继电器选用时主要考虑触点的对数、触点的额定电压和电流、线圈的额定电压等。

35. （   ）一台电动机停止后另一台电动机才能停止的控制方式不是顺序控制。

36. （   ）Z3050 摇臂钻床主轴电动机的控制电路中没有互锁环节。

37. （   ）CA6150 车床的主电路中有 4 台电动机。

38. （   ）CA6150 车床主电路中接触器 KM1 触点接触不良将造成主轴电动机不能反转。

39. （   ）Z3050 摇臂钻床中行程开关 SQ2 安装位置不当或发生移动时会造成摇臂夹不紧。

40. （   ）三相负载作三角形联结时，测得三个相电流值相等，则三相负载为对称负载。

41. （   ）Z3050 摇臂钻床主轴电动机的控制电路中没有互锁环节。

42. （   ）刀开关由进线座、静触点、动触点、出线座、手柄等组成。

43. （   ）熔断器主要由铜丝、铝线和锡片三部分组成。

44. （   ）对于电动机不经常起动而且起动时间不长的电路，熔体额定电流大于电动机额定电流的 1.5 倍。

45. （   ）交流接触器的选用主要包括主触点的额定电压、额定电流，吸引线圈的额定电流。

46. （   ）热继电器热元件的整定电流一般调整到电动机额定电流的 0.95~1.05 倍。

47. （   ）金属线槽的所有非导电部分的金属件均应相互连接和跨接，使之成为一连续导体，并做好整体接地。

48. （   ）熔断器的作用是过载保护。

49. （   ）M7130 平面磨床的控制电路由交流 220 V 电压供电。

50. （   ）三相异步电动机定子串电阻起动的目的是减小起动电流。

51. （   ）用两只接触器控制异步电动机正反转的电路，只需要互锁，不需要自锁。

52. （   ）Z3050 摇臂钻床中行程开关 SQ2 安装位置不当或发生移动时会造成摇臂不能升降。

53. （   ）启动按钮优先选用绿色按钮，急停按钮应选用红色按钮，停止按钮优先选用红色按钮。

54. （　　） 电动机是使用最普遍的电气设备之一，一般在 70%~95% 额定负载下运行时，效率最低、功率因数最大。

55. （　　） M7130 平面磨床的控制电路由交流 380 V 电压供电。

56. （　　） Z3050 摇臂钻床的主轴电动机由接触器 KM1 和 KM2 控制正反转。

57. （　　） 直流电动机起动时，励磁回路的调节电阻应该短接。

58. （　　） 容量较大的接触器主触点一般采用银及合金制成。

59. （　　） 三相异步电动机的定子由主磁极、换向极和励磁线圈所组成。

60. （　　） 单相交流电动机的定子产生的磁场是脉动磁场。

61. （　　） 变压器不但可以改变交流电压，也可以用来改变直流电压。

62. （　　） 直流电动机的定子是由定子铁心和定子绕组组成的。

63. （　　） 当变压器二次电流增大时，一次电流也会相应增大。

64. （　　） 当变压器二次电流增大时，二次侧端电压一定会下降。

65. （　　） 直流发电机的电枢绕组中产生的是直流电动势。

66. （　　） 直流电动机的电枢绕组中通过的是直流电流。

67. （　　） 电动机装轴承时，用机油将轴承及轴承盖清洗干净，检查轴承有无裂纹、是否灵活、间隙是否过大，如有问题则需更换。

68. （　　） 刀开关的额定电压应等于或大于电路额定电压，其额定电流应等于或稍大于电路和工作电流。

69. （　　） 对于电动机不经常起动而且起动时间不长的电路，熔体额定电流约等于电动机额定电流的 1.5 倍。

70. （　　） 低压断路器的额定工作电压和电流均大于或等于电路额定电压和实际工作电流。

71. （　　） 接触器触点的超程是指触点完全闭合后，动触点发生的位移。

72. （　　） 电磁式继电器检测与要求，对于一般桥式触点，常开触点的开距不小于 3.5 mm。

73. （　　） 主回路的连接线一般采用 2.5 mm^2 多股塑料铜心线。

74. （　　） 电机控制回路一般采用 1 mm^2 的单股塑料铝心线。

75. （　　） 钻床是一种用途广泛的铰孔机床。

76. （　　） 电动机起动过程中，应用电流表卡住电动机三根引线的其中一根，测量电动机的起动电流。

77. （　　） 电路接线图以粗实线画主回路，以点画线画辅助回路。

78. （　　） 安装电动机转子时，转子对准定子中心，沿着定子圆周的中心线将转子缓缓地向定子里送进，送进过程中不得碰擦定子绕组。

79. （　　） 为了能很好地适应调速以及在满载下频繁起动，起重机都采用同步电动机。

80. （　　） 短路探测器是一种开口的变压器。

81. （　　） 在通电调试前，应检查电动机主回路和控制回路的布线是否合理、正确，所有接线螺钉是否松动，导线是否平直、整齐。

82. （　　） 电动机绝缘电阻的测量，对 500 V 以上的电动机，应采用 1000 V 或 2500 V 的绝缘电阻表。

83. ( ) 在速度继电器的型号及含义中，以 JFZO 为例，其中 F 代表反接。

84. ( ) 拆除电动机风扇罩及风扇叶轮时，将固定风扇罩的螺钉拧下来，再用木棰在与轴平行的方向从不同的位置上向上敲打风扇罩。

85. ( ) 车床加工的基本运动是主轴通过卡盘或顶尖带动工件旋转，溜板带动刀架做直线运动。

86. ( ) 发电机发出的"嗡嗡"声，属于气体动力噪声。

87. ( ) 用划针在配线板上画出元器件的装配孔位置，然后拿开所有的元器件，校核每一个元器件的安装孔的尺寸。

88. ( ) 因为起重机是高空设备，所以对于安全性能要求较高。

89. ( ) 配线板的尺寸要小于配电柜门框的尺寸，还要考虑到电器元件安装后配线板能自由进出柜门。

90. ( ) 三相异步电动机的常见故障有：电动机过热、电动机振动、电动机起动后转速低或转矩小。

91. ( ) 变压器是根据电磁感应原理而工作的，它只能改变交流电压，而不能改变直流电压。

92. ( ) 安装接触器时，要求散热孔朝上。

93. ( ) 用绝缘电阻表逐相测量电动机定子绕组与外壳的绝缘电阻，当转动摇柄时，指针指到零，说明绕组接地。

94. ( ) 电力拖动电路图中，一般主电路垂直画出时，辅助电路要水平画出。

95. ( ) 三相异步电动机的定子电流频率都为工频 50 Hz。

96. ( ) 用手转动电动机转轴，观察电动机转动是否灵活，有无噪声及卡住现象。

97. ( ) 小型变压器空载电压的测试，一次侧加上额定电压，测量二次侧空载电压的允许误差应小于正、负 10%。

98. ( ) 测量接触器桥式触点的压力时，要注意拉力方向应垂直于触点接触线方向。

99. ( ) 接触器的主触点通断时，三相电源应保证同时通断，其先后误差不得低于 0.5 ms。

100. ( ) 三相异步电动机在刚起动瞬间，转子、定子中的电流是很大的。

101. ( ) 电动机是使用最普遍的电气设备之一，一般在 70%~95% 额定负载下运行时，效率最低、功率因数大。

102. ( ) 串励直流电动机的反接制动状态的获得，在位能负载时，可用转速反向的方法，也可用电枢直接反接的方法。

103. ( ) "短时"运行方式的电动机不能长期运行。

104. ( ) 交流接触器线圈一般做成薄而长的圆筒状，且不设骨架。

105. ( ) 一般速度继电器转轴转速达到 120 r/min 以上时，其触点就动作。

106. ( ) 热继电器的主双金属片与作为温度补偿元件的双金属片，其弯曲方向相反。

107. ( ) 交流三相异步电动机定子绕组为同心式绕组时，同一个极相组的元器件节距大小不等。

108. ( ) 每对磁极下定子绕组的电流方向相同。

109. （　　　） 交流异步电动机圆形接线图可以表示各相线圈连接方式与规律。

110. （　　　） 四极交流三相异步电动机定子绕组每相绕组的并联支路数最多为 4 路。

111. （　　　） 低压开关、接触器、继电器、主令电器、电磁铁等都属于低压控制电器。

112. （　　　） 选用低压电器，要根据用电设备使用场所的自然环境条件、用电设备性质和技术参数（功率、电压、电流、频率、定额）及价格因素等方面综合考虑来选择合适的低压电器。

113. （　　　） 熔断器熔体额定电流允许在超过熔断器额定电流下使用。

114. （　　　） 中间继电器和交流接触器工作原理相同。

115. （　　　） HZ 系列转换开关无储能分合闸装置。

116. （　　　） 用转换开关作机床电源引入开关，就不需要再安装熔断器作短路保护。

117. （　　　） 按钮是手按下即动作，松开即释放复位的小电流开关电器。

118. （　　　） 熔断器的熔断时间与电流的平方成正比关系。

119. （　　　） 熔断器熔管的作用仅作为保护熔体用。

120. （　　　） 接触器除具备通断电路外还具备短路和过载保护作用。

121. （　　　） 为了消除衔铁振动，交流接触器的铁心要装有短路环。

122. （　　　） 时间继电器线圈串接于负载电路中，交流接触器的线圈并接于被测电路的两端。

123. （　　　） 中间继电器是将一个输入信号变成一个或多个输出信号的继电器。

124. （　　　） 热继电器在电路中的接线原则是热元件串联在主电路中，常开触点串联在控制电路中。

125. （　　　） 反接制动就是改变输入电动机的电源相序，使电动机反向旋转。

126. （　　　） 点动控制，就是点一下按钮就可以起动并运转的控制方式。

127. （　　　） 直流电动机的基本工作原理是电磁感应原理。

128. （　　　） 三相异步电动机转子绕组中的电流是由电磁感应产生的。

129. （　　　） 三相异步电动机的额定电压是指加于定子绕组上的相电压。

130. （　　　） 单相绕组通入正弦交流电不能产生旋转磁场。

131. （　　　） 刀开关、封闭式负荷开关（铁壳开关）、组合开关的额定电流要大于实际电路电流。

132. （　　　） HK 系列刀开关若带负载操作时，其动作越慢越好。

133. （　　　） 电流继电器线圈串接于负载电路中，电压继电器线圈并接于被测电路的两端。

134. （　　　） 中间继电器的输入信号为触点的通电和断电。

135. （　　　） 欠电压继电器和零压继电器的动作电压是相同的。

136. （　　　） 三相异步电动机的转子转速不可能大于其同步转速。

137. （　　　） 由于反接制动消耗能量大，不经济，所以适用于不经常起动与制动的场合。

138. （　　　） 触点发热程度与流过触点的电流有关，与触点的接触电阻无关。

139. （　　　） 触点间的接触面越光滑其接触电阻越小。

140. （　　　） 当热继电器动作不准确时，可用弯折双金属片的方法来调整。

141. （　　） 实现工作台自动往返行程控制要求的主要电气元器件是行程开关。

142. （　　） 行程开关是一种将机械信号转换为电信号，以控制运动部件的位置和行程的自动电器。

143. （　　） 接触器联锁正反转控制电路的优点是工作安全可靠，操作方便。

144. （　　） 接触器、按钮双重联锁正反转控制线路的优点是工作安全可靠，操作方便。

145. （　　） 对多地控制只要把各地启动按钮串联、停止按钮并联就可以了。

146. （　　） 在接触器联锁的正反转控制电路中，正、反转接触器有时可以同时闭合。

147. （　　） 为了保证三相异步电动机实现反转，正、反转接触器的主触点必须按相同的顺序并接后串联到主电路中。

148. （　　） 电容容量在 180 kVA 以上，电动机容量在 7 kW 以下的三相异步电动机可直接起动。

149. （　　） 直接起动时的优点是电气设备少、维修量小、电路简单。

150. （　　） 采用串电阻减压起动的主要缺点是：起动电流在起动电阻上的热损耗过大。

151. （　　） 三相异步电动机采用自耦变压器以 80% 的抽头减压起动时，电动机的起动转矩是全压起动的 80%。

152. （　　） 为了使三相异步电动机能采用丫-△减压起动，电动机在正常时，必须是△联结。

153. （　　） 三相异步电动机采用延边△减压起动时，每相绕组承受的电压比全压起动时小，比丫-△减压起动时大。

154. （　　） 系列刀开关没有专门灭弧装置，不宜用于操作频繁的电路。

155. （　　） HK 系列刀开关可以垂直安装，也可以水平安装。

156. （　　） 封闭式负荷开关的外壳应可靠接地。

157. （　　） HZ 系列组合开关可用于手动频繁的接通和断开电路，换接电源和负载，以及控制 5 kW 以下小容量异步电动机的起动、停止和正反转。

158. （　　） 低压断路器是一种控制电器。

159. （　　） D25-20 型低压断路器的热脱扣器和电磁脱扣器均没有电流调节装置。

160. （　　） 一个额定电流等级的熔断器只能配一个额定电流等级的熔体。

161. （　　） 熔体的熔断时间与流过熔体的电流大小成正比。

162. （　　） 在装接 RL 系列螺旋式熔断器时，电源线应装接在上接线座，负载线应接在下接线座。

163. （　　） 安装熔丝时，熔丝应绕螺栓沿顺时针方向弯曲后压在垫圈下。

164. （　　） 当按下常开按钮再松开时，按钮便自锁导通。

165. （　　） 交流接触器的线圈电压过高或过低都会造成线圈过热。

166. （　　） 绝对不允许带灭弧罩的交流接触器不带灭弧罩或带破损的灭弧罩运行。

167. （　　） 热继电器的触点系统一般包括一个常开触点和一个常闭触点。

168. （　　） 画电路图、接线图和布置图时，同一电器的各元件都要按其实际位置画在一起。

169. （　　）接线图主要用于接线安装、电路检查和维修，不能用来分析电路的工作原理。

170. （　　）安装控制电路时，对导线的颜色没有要求。

171. （　　）采用电压分阶法和电阻分阶法都要在电路断电的情况下进行测量。

172. （　　）反接制动由于制动时对电动机产生的冲击比较大，因此应串入限流电阻，而且仅用于小功率异步电动机。

173. （　　）能耗制动的制动转矩与通入定子绕组中的直流电流成正比，因此电流越大越好。

174. （　　）三相异步电动机的机械制动一般常采用电磁抱闸制动。

175. （　　）三相异步电动机的变极调速属于无级调速。

176. （　　）改变三相异步电动机磁极对数的调速，称为变极调速。

177. （　　）对电动机的选择，以合理选择电动机的额定功率最为重要。

178. （　　）电动机的额定转速一般应在 750～1500 r/min 的范围内。

179. （　　）不管是交流电动机，还是直流电动机，都要进行弱磁保护。

180. （　　）熔断器的选用首先是选择熔断器的规格，其次是选择熔体的规格。

181. （　　）设计电气控制原理图时，对于每一部分的设计是按主电路→联锁保护电路→控制电路→总体检查的顺序进行的。

182. （　　）对于设计采用继电器、接触器控制电气系统的第一步是设计主电路和控制电路。

183. （　　）电气控制电路应最大限度地满足机械设备加工工艺的要求是电路设计的原则之一。

184. （　　）并励直流电动机起动时，常用减小电枢电压或在电枢回路中串联电阻两种方法。

185. （　　）励磁绕组反接法控制并励直流电动机正反转的原理是：保持电枢电流方向不变，改变励磁绕组电流的方向。

186. （　　）并励直流电动机的正反转控制可采用电枢反接法，即保持励磁磁场方向不变，改变电枢电流方向。

187. （　　）并励直流电动机采用反接制动时，经常是将正在电动运行的电动机电枢绕组反接。

188. （　　）直流电动机进行能耗制动时，必须将所有电源切断。

189. （　　）直流电动机电枢回路串电阻调速，当电枢回路电阻增大，其转速增大。

190. （　　）直流电动机改变励磁磁通调速法是通过改变励磁电流的大小来实现的。

191. （　　）在小型串励直流电动机上，常采用改变励磁绕组的匝数或接线方式来实现调磁调速。

192. （　　）串励直流电动机起动时，常用减小电枢电压的方法来限制起动电流。

三、简答题

1. 电动机控制系统常用的保护环节有哪些？各用什么低压电器实现？

2. 电气原理图中，说出 QS、FU、KM、KS、SQ 各代表什么电气元器件，并画出各自的图形符号。

3. 简述三相异步电动机能耗制动的原理。

4. 简述三相异步电动机反接制动的工作原理。

5. 短路保护和过载保护有什么区别？

6. 电动机起动时电流很大，为什么热继电器不会动作？

7. 在什么条件下可用中间继电器代替交流接触器？

8. 常用继电器按动作原理分哪几种？

9. 在电动机的主回路中，既然装有熔断器，为什么还要装热继电器？它们有什么区别？

10. 简述热继电器的作用。

11. 三相交流电动机反接制动和能耗制动分别适用于什么情况？

12. 漏电断路器的结构有哪些？

13. 常用的主令开关有哪些？

14. 热继电器的选用原则有哪些？

15. 低压断路器可以起到哪些保护作用？

16. 电气控制分析的依据是什么？

17. 电压继电器和电流继电器在电路中各起什么作用？

18. 中间继电器和接触器有何区别？

19. 绘制电气原理图的基本规则有哪些？

20. 三相交流电动机反接制动和能耗制动各有何特点？

21. 电动机"正—反—停"控制电路中，复合按钮已经起到了互锁作用，为什么还要用接触器的常闭触点进行联锁？

22. 什么是自锁控制？为什么说接触器自锁控制电路具有欠电压和失电压保护？

23. 电气原理图设计方法有哪几种？简单的机床控制系统常用哪一种？写出设计的步骤。

24. 按动作原理时间继电器分哪几种？

25. 简述交流接触器触头的分类。

26. 常用的灭弧方法有哪几类？

27. 低压电器按用途分为哪几类？

28. 时间继电器的选用原则有哪些？

29. 画出热继电器的热元件和触头的符号，并标出文字符号，各连接在什么电路中？热继电器会不会因电动机的起动电流过大而立即动作？对于定子绕组是△联结的异步电动机应如何选择热继电器？

30. 接触器的主触头、辅助触头和线圈各接在什么电路中？如何连接？

31. 在摇臂钻床中，带动摇臂升降的电动机为何不用热继电器作过载保护？

32. 交流电磁线圈误接入直流电源，直流电磁线圈误接入交流电源，会发生什么问题？为什么？线圈电压为 220 V 的交流接触器，误接入 380 V 交流电源，会发生什么问题？为什么？

33. 中间继电器和接触器有何异同？在什么条件下可以用中间继电器来代替接触器？

34. 机床设备控制电路常用哪些保护措施？

四、综合题

1. 设计一个三相异步电动机两地起动的主电路和控制电路，并具有短路、过载保护。

2. 设计一个三相异步电动机"正—反—停"的主电路和控制电路，并具有短路、过载保护。

3. 设计一个三相异步电动机星形—三角形减压起动的主电路和控制电路，并具有短路、过载保护。

4. 某机床有两台三相异步电动机，要求第一台电动机起动运行 5 s 后，第二台电动机自行起动，第二台电动机运行 10 s 后，两台电动机停止；两台电动机都具有短路、过载保护，设计主电路和控制电路。

5. 某机床主轴工作和润滑泵各由一台电动机控制，要求主轴电动机必须在润滑泵电动机运行后才能运行，主轴电动机能正反转，并能单独停机，有短路、过载保护，设计主电路和控制电路。

6. 一台三相异步电动机运行要求为：按下启动按钮，电动机正转，5 s 后，电动机自行反转，再过 10 s，电动机停止，并具有短路、过载保护，设计主电路和控制电路。

7. 一台小车由一台三相异步电动机拖动，动作顺序如下：1）小车由原位开始前进，到终点后自动停止；2）在终点停留 20 s 后自动返回原位并停止。要求在前进或后退途中，任意位置都能停止或起动，并具有短路、过载保护，设计主电路和控制电路。

附录 B   常用电气图形符号

名 称	图 形 符 号	文 字 符 号
三极控制开关		QS
三极隔离开关		QS
三极负荷开关		QS
位置开关常开触点		SQ
位置开关常闭触点		SQ
常开按钮	E-\	SB
常闭按钮	E-7	SB

（续）

名　　称	图 形 符 号	文 字 符 号
组合开关		SA
断路器		QF
熔断器		FU
接触器线圈		KM
热继电器热元件		FR
热继电器常开触点		FR
热继电器常闭触点		FR
断电延时时间继电器的线圈		KT
通电延时时间继电器的线圈		KT
延时闭合的常开触点		KT
延时断开的常开触点		KT
延时闭合的常闭触点		KT
延时断开的常闭触点		KT
速度继电器		KS
压力继电器		KP

（续）

名　　称	图形符号	文字符号
三相电动机	$\dfrac{3\sim}{M}$	M
三相发电机	$\dfrac{3\sim}{G}$	G
电压互感器		TV
电流互感器		TA
三相变压器		TM
电抗器		L
插座		XP
插头		XS
二极管		VD
接地		END
信号灯		HL
电磁铁	或	YA
蜂鸣器		HA

参 考 文 献

［1］人力资源和社会保障部教材办公室．基础电气控制［M］. 2 版．北京：中国劳动社会保障出版社，2011.
［2］李敬梅．电力拖动控制电路与技能训练［M］. 5 版．北京：中国劳动社会保障出版社，2014.
［3］丁宏亮．维修电工［M］．杭州：浙江科学技术出版社，2009.
［4］李敬梅．电力拖动控制电路与技能训练［M］. 3 版．北京：中国劳动社会保障出版社，2001.
［5］金凌芳．电气控制电路安装与维修［M］．北京：机械工业出版社，2013.
［6］姚锦卫．电气控制技术项目教程［M］．北京：机械工业出版社，2017.
［7］邱俊．工厂电气控制技术［M］. 2 版．北京：中国水利水电出版社，2013.
［8］连赛英．机床电气控制技术［M］．北京：机械工业出版社，2007.
［9］许晓峰．电机及拖动［M］．北京：高等教育出版社，2011.
［10］王建，赵金周．电气控制电路安装与检修［M］．北京：中国劳动社会保障出版社，2007.